超值版

Office 2013

从新手到高手

龙马高新教育 编著

U0310820

人民邮电出版社

北 京

图书在版编目（CIP）数据

Office 2013从新手到高手：超值版 / 龙马高新教育编著. -- 北京：人民邮电出版社，2015.10（2016.3重印）
ISBN 978-7-115-40354-4

Ⅰ. ①O… Ⅱ. ①龙… Ⅲ. ①办公自动化－应用软件 Ⅳ. ①TP317.1

中国版本图书馆CIP数据核字(2015)第207315号

内 容 提 要

本书以零基础讲解为宗旨，用实例引导读者学习，深入浅出地介绍了 Office 2013 的相关知识和应用方法。全书分为 8 篇，共 30 章。第 1 篇【基础篇】介绍了 Office 2013 的基础知识，以及基本设置与操作等；第 2 篇【Word 2013 篇】介绍了基本文档的制作、高级排版的操作、文档的美化，以及审阅文档等；第 3 篇【Excel 2013 篇】介绍了基本表格的制作、工作表、图形和图表的美化、公式与函数的应用、数据的分析与管理，以及数据透视图与数据透视表的应用等；第 4 篇【PowerPoint 2013 篇】介绍了基本 PPT 的制作、幻灯片的美化、为幻灯片添加动画和交互效果，以及幻灯片的演示与发布等；第 5 篇【案例实战篇】介绍了 Office 在行政办公中的应用、Office 在商务办公中的应用、Office 在人力资源管理中的应用，以及 Office 在市场营销中的应用等；第 6 篇【高手秘籍篇】介绍了 Office 2013 组件间的协同应用、Office 2013 VBA 的应用、Office 2013 的共享与安全、Office 2013 办公文件的打印，以及 Office 的跨平台应用等；第 7 篇【Outlook 2013 篇】介绍了使用 Outlook 2013 收发信件，以及使用 Outlook 2013 安排计划等；第 8 篇【Office 2013 其他组件篇】介绍了 Access 2013、Publisher 2013，以及 OneNote 2013 等的使用方法。

在本书附赠的 DVD 多媒体教学光盘中，包含了 19 小时与图书内容同步的教学录像，以及所有案例的配套素材和结果文件。此外，还赠送了 Office 2013 软件安装教学录像、Office 2013 快捷键查询手册、700 个 Word 常用文书模板、532 个 Excel 常用表格模板、200 个 PowerPoint 精美通用模板、Excel 函数查询手册、常用五笔编码查询手册、网络搜索与下载技巧手册、16 小时 Windows 8 教学录像、9 小时 Photoshop CS6 教学录像等超值资源，供读者扩展学习。除光盘外，本书还赠送了纸质《Office2013 技巧随身查》，便于读者随时翻查。

本书不仅适合 Office 2013 的初、中级用户学习使用，也可以作为各类院校相关专业学生和电脑培训班学员的教材或辅导用书。

◆ 编　著　龙马高新教育
　　责任编辑　张　翼
　　责任印制　杨林杰

◆ 人民邮电出版社出版发行　　北京市丰台区成寿寺路 11 号
　　邮编　100164　电子邮件　315@ptpress.com.cn
　　网址　http://www.ptpress.com.cn
　　三河市海波印务有限公司印刷

◆ 开本：787×1092　1/16
　　印张：24
　　字数：556 千字　　　　　　　　　2015 年 10 月第 1 版
　　印数：3 101－3 700 册　　　　　　2016 年 3 月河北第 3 次印刷

定价：49.80 元（附光盘）

读者服务热线：**(010)81055410**　印装质量热线：**(010)81055316**
反盗版热线：**(010)81055315**
广告经营许可证：京东工商广字第 8052 号

前　言

电脑是现代信息社会的重要工具，掌握丰富的电脑知识、正确熟练地操作电脑已成为信息时代对每个人的要求。为满足广大读者的学习需要，我们针对不同学习对象的接受能力，总结了多位电脑高手、高级设计师及电脑教育专家的经验，精心编写了这套"从新手到高手"丛书。本套图书面市后深受读者喜爱，为此，我们特别推出了畅销书《Office 2013 从新手到高手》的单色超值版，以便满足更多读者的学习需求。

丛书主要内容

本套丛书涉及读者在日常工作和学习中各个常见的电脑应用领域，在介绍软硬件的基础知识及具体操作时均以读者经常使用的版本为主，在必要的地方也兼顾了其他版本，以满足不同领域读者的需求。本套丛书主要包括以下品种。

《学电脑从新手到高手》	《电脑办公从新手到高手》
《Office 2013 从新手到高手》	《Word/Excel/PowerPoint 2013 三合一从新手到高手》
《Word/Excel/PowerPoint 2007 三合一从新手到高手》	《Word/Excel/PowerPoint 2010 三合一从新手到高手》
《PowerPoint 2013 从新手到高手》	《PowerPoint 2010 从新手到高手》
《Excel 2013 从新手到高手》	《Office VBA 应用从新手到高手》
《Dreamweaver CC 从新手到高手》	《Photoshop CC 从新手到高手》
《AutoCAD 2014 从新手到高手》	《Photoshop CS6 从新手到高手》
《Windows 7 + Office 2013 从新手到高手》	《SPSS 统计分析从新手到高手》
《黑客攻防从新手到高手》	《老年人学电脑从新手到高手》
《淘宝网开店、管理、营销实战从新手到高手》	《中文版 Matlab 2014 从新手到高手》
《HTML+CSS+JavaScript 网页制作从新手到高手》	《Project 2013 从新手到高手》
《Windows 10 从新手到高手》	《AutoCAD 2016 从新手到高手》
《Office 2016 从新手到高手》	《电脑办公（Windows 10 + Office 2016）从新手到高手》
《Word/Excel/PPT 2016 从新手到高手》	《电脑办公（Windows 7 + Office 2016）从新手到高手》
《Excel 2016 从新手到高手》	《PowerPoint 2016 从新手到高手》
《AutoCAD + 3ds Max+ Photoshop 建筑设计从新手到高手》	

本书特色

✚ 零基础、入门级的讲解

无论读者是否从事相关行业，是否使用过 Office 2013，都能从本书中找到最佳的起点。本书入门级的讲解，可以帮助读者快速地进入高手的行列。

✚ 名师教学，举一反三

本书特聘经验丰富的一线教学名师编写，帮助读者快速理解所学知识并实现触类旁通。

✚ 实例为主，图文并茂

在介绍的过程中，每一个知识点均配有实例辅助讲解，每一个操作步骤均配有对应的插图加深认识。这种图文并茂的方法，能够使读者在学习过程中直观、清晰地看到操作过程和效果，便于深刻理解和掌握相关知识。

+ 高手指导，扩展学习

本书在每章的最后以"高手私房菜"的形式为读者提炼了各种高级操作技巧，同时在全书最后的"高手秘籍篇"中，还总结了大量实用的操作方法，以便读者学习到更多的内容。

+ 精心排版，超大容量

本书采用单双栏混排的形式，大大扩充了信息容量，在 300 多页的篇幅中容纳了传统图书 700 多页的内容。这样，就能在有限的篇幅中为读者奉送更多的知识和实战案例。

+ 书盘互动，手册辅助

本书配套多媒体教学光盘中的内容与书中的知识点紧密结合并互相补充。在多媒体光盘中，我们仿真工作和学习场景，帮助读者体验实际应用环境，并借此掌握日常所需的技能和各种问题的处理方法，达到学以致用的目的。而赠送的纸质手册，更是大大增强了本书的实用性。

◎ 光盘特点

+ 19 小时全程同步教学录像

教学录像涵盖本书的所有知识点，详细讲解每个实例的操作过程和关键点。读者可以轻松掌握书中所有的操作方法和技巧，而扩展的讲解部分则可使读者获得更多的知识。

+ 超多、超值资源大放送

除了与图书内容同步的教学录像外，光盘中还奉送了大量超值学习资源，包括 Office 2013 软件安装教学录像、Office 2013 快捷键查询手册、700 个 Word 常用文书模板、532 个 Excel 常用表格模板、200 个 PowerPoint 精美通用模板、Excel 函数查询手册、常用五笔编码查询手册、网络搜索与下载技巧手册、16 小时 Windows 8 教学录像、9 小时 Photoshop CS6 教学录像，以及本书内容教学用 PPT 文件等，以方便读者扩展学习。

✿ 配套光盘的运行方法

❶ 将光盘印有文字的一面朝上放入 DVD 光驱中，几秒钟后光盘会自动运行。

❷ 在 Windows 7 操作系统中，系统会弹出【自动播放】对话框，单击【运行 MyBook.exe】选项即可运行光盘系统。或者单击【打开文件夹以查看文件】选项打开光盘文件夹，双击光盘文件夹中的 MyBook.exe 文件，也可以运行光盘系统。

在 Windows 8 操作系统中，桌面右上角会显示快捷操作界面，单击该界面后，在其列表中选择【运行 MyBook.exe】选项即可运行光盘系统。或者单击【打开文件夹以查看文件】选项打开光盘文件夹，双击光盘文件夹中的 MyBook.exe 文件，也可以运行光盘系统。

❸ 光盘运行后会首先播放片头动画，之后便可进入光盘的主界面。

❹ 单击【教学录像】按钮，在弹出的菜单中依次选择相应的篇、章、录像名称，即可播放相应录像。

❺ 单击【赠送资源】按钮，在弹出的菜单中选择赠送资源名称，即可打开相应的赠送资源文件夹。

❻ 单击【素材文件】、【结果文件】或【教学用 PPT】按钮，即可打开相对应的文件夹。

❼ 单击【光盘使用说明】按钮，即可打开"光盘使用说明 .pdf"文档，该说明文档详细介绍了光盘在电脑上的运行环境和运行方法等。

❽ 选择【操作】▶【退出本程序】菜单项，或者单击光盘主界面右上角的【关闭】按钮 ✕ ，即可退出本光盘系统。

创作团队

本书由龙马高新教育策划编著，孔长征任主编，李震、赵源源任副主编，参与本书编写、资料整理、多媒体开发及程序调试的人员有孔万里、乔娜、周奎奎、祖兵新、董晶晶、王果、陈小杰、左琨、邓艳丽、崔姝怡、侯蕾、左花苹、刘锦源、普宁、王常吉、师鸣若、钟宏伟、陈川、刘子威、徐永俊、朱涛和张允等。

在编写过程中，我们竭尽所能地将最好的讲解呈现给读者，但也难免有疏漏和不妥之处，敬请广大读者不吝指正。若您在学习过程中产生疑问，或有任何建议，可发送电子邮件至 march98@163.com。

本书责任编辑的电子邮箱为：zhangyi@ptpress.com.cn。

龙马高新教育

目录

第1篇 基础篇

微软再一次自我挑战，在众人期待中推出 Office 2013。可是，你知道在使用 Office 2013 前需要做些什么吗？本篇来告诉你！

本章视频教学录像：32 分钟

工欲善其事，必先利其器。本章介绍 Office 2013 的组件与软件安装，与你一起揭开 Office 2013 的神秘面纱。

高手私房菜

第 2 章　设置与基本操作 15

📽 本章视频教学录像：29 分钟

安装完 Office 2013，是否有惊喜发现？本章和你一起走进 Office 2013，在个性化的设置中体验不一样的操作吧！

高手私房菜

第 2 篇 Word 2013 篇

作为 Office 2013 最常用的组件之一，除了以前版本中的功能，Word 2013 又有什么神奇的地方吗？本篇来告诉你！

第 3 章　基本文档制作 28

📽 本章视频教学录像：54 分钟

Word 2013 最基本的功能就是制作文档，本章主要介绍 Word 2013 的基本文档制作，首先认识 Word 2013 的工作界面，之后学习如何创建与使用文档并设置样式等。

🍲 高手私房菜

第 5 章　文档的美化

　　适当地使用背景和图片，可以为你的文档锦上添花。本章主要介绍页面背景、文本框、表格、图片和形状的综合运用。

高手私房菜

本章视频教学录像：46 分钟

审阅是办公室批改文件时经常使用的一个功能，它可以让改动的地方清楚地显示出来，同时还可以与原文档形成对比，让文档的作者一目了然。

高手私房菜

第 3 篇　Excel 2013 篇

在进行各种预算、财务管理、数据汇总等工作时，使用 Excel 是较为明智的选择，它可以对繁杂冗余的数据进行快速的处理和分析。

第 7 章　基本表格制作

本章视频教学录像：41 分钟

在开始处理复杂的数据之前，首先需要了解表格的基本操作。本章介绍 Excel 2013 的相关设置、工作簿的基本操作、工作表的基本操作、单元格的基本操作，以及数据的输入和编辑等。

 高手私房菜

第 8 章 美化工作表 129

本章视频教学录像：24 分钟

一个美观的数据报表可以使单调的数据不再枯燥，给人耳目一新的感觉。本章主要介绍工作表的美化操作，包括单元格的设置、表格样式、单元格样式等。

高手私房菜

第 9 章 图形和图表 139

本章视频教学录像：48 分钟

图形可以修饰工作表；而图表不但可以让工作表的数据更直观、更形象，还可以清晰地反映数据的变化规律和发展趋势。

高手私房菜

第 10 章 公式与函数..............................155

📽 本章视频教学录像：50 分钟

Excel 2013 具有强大的数据分析与处理功能，不仅可以进行简单的数据运算，还可以使用各种函数完成复杂的专业运算。在公式中准确、熟练地使用这些函数，可以极大地提高数据处理的能力。

高手私房菜

第 11 章 数据的分析与管理 173

本章视频教学录像：46 分钟

使用 Excel 可以对数据进行各种分析，如筛选出符合特定条件的数据、按照一定条件对数据进行排序、使用条件格式突出显示内容、对数据进行合并计算和分类汇总等。

高手私房菜

第12章　数据透视表与数据透视图.............................187

本章视频教学录像：23分钟

使用数据透视表可以深入分析数据，并且可以解决一些预计不到的数据问题；而数据透视图既具有数据透视表的交互式汇总特性，又具有图表的可视性优点。

高手私房菜

第4篇 PowerPoint 2013 篇

使用 PowerPoint 2013，可以制作集文字、图形、图像、声音及视频剪辑等多种元素于一体的演示文稿，把所要表达的信息组织在一系列图文并茂的画面中，来展示企业的产品或个人的学术成果。

第13章　基本PPT的制作....................................198

本章视频教学录像：49分钟

有声有色的 PPT 常常会令听众惊叹，使报告达到最好的效果。要做到这一步，首先就需要了解基本的 PPT 知识。

🍲 高手私房菜

🍲 高手私房菜

第 5 篇 案例实战篇

一篇篇精美的文档、一份份清晰的报表、一张张华美的演示文稿……在日常办公和管理中会深受领导的欣赏和同事的赞扬。

📽 本章视频教学录像：25 分钟

Office 2013 系列软件具有强大的文档处理、数据汇总和幻灯片演示等功能，在行政办公中有着极其广泛的应用。

📽 本章视频教学录像：33 分钟

在商务办公中，使用 Office 不仅可以制作出精美的文档，得到满意的结果，更为重要的是可以提高工作的效率。

第 19 章　Office 在人力资源管理中的应用 279

📽 本章视频教学录像：40 分钟

人力资源管理是一项系统而复杂的组织工作。一个企业的人力资源管理者，经常要根据需求制作各类文档、报表和会议幻灯片，使用 Office 2013 可以帮助你轻松完成这些工作。

第 20 章　Office 在市场营销中的应用 293

📽 本章视频教学录像：31 分钟

市场营销千变万化，所需的文件也多种多样。对于做市场工作的人员来说，使用 Office 制作各种文档、报表和 PPT，已经成为基本的素质要求。

第 6 篇　高手秘籍篇

在日常办公中，常常会听到有人说"你真是高手！"。高手之所以成为高手，是因为他掌握了别人所不知道的办公技巧。

第 21 章 Office 2013 组件间的协同应用 304

📽 本章视频教学录像：41 分钟

在使用比较频繁的办公软件中，Word、Excel 和 PowerPoint 之间的资源是可以共享及相互调用的，这样可以提高工作的效率。

🍲 高手私房菜

第 22 章　Office 2013 VBA 的应用 317

📽 本章视频教学录像：21 分钟

常用的 Office 办公软件如 Word、Excel、Access、PowerPoint 都可以借助 VBA 提高软件的应用效率。通过一段 VBA 代码，既可以实现画面的切换，也可以实现复杂逻辑的统计。

第 23 章　Office 2013 的共享与安全 327

本章视频教学录像：19 分钟

Office 2013 的共享功能，可以让用户更方便地分享资源；而其保护功能，则可以使文档文档多一份安全！

第 24 章　Office 2013 办公文件的打印 337

本章视频教学录像：21 分钟

打印，可以使制作好的文档、报表或演示文稿更方便传阅。

🍲 高手私房菜

第 25 章　Office 的跨平台应用——移动办公 345

🎬 本章视频教学录像：17 分钟

使用移动设备，让你随时随地办公。

🍲 高手私房菜

——以下内容见本书光盘——

第 7 篇　Outlook 2013 篇

使用 Outlook 发送邮件，可以使人与人之间的交流更加方便。本篇带你体验全新的 Outolook 2013 邮件之旅。

📹 本章视频教学录像：33 分钟

使用 Outlook 2013，可以方便地收发邮件并管理联系人信息，实现便捷的信息通信和联络。

🍲 **高手私房菜**

📹 本章视频教学录像：23 分钟

Outlook 2013 还拥有安排任务、查看日历、使用便签等功能。熟练地掌握这些功能，不仅使日常的电子商务更加轻松，也能提高工作效率。

高手私房菜

第 8 篇 Office 2013 其他组件篇

介绍了常用的 Word、Excel、PowerPoint 和 Outolook 组件后，本篇向您推荐其他 Office 组件。

本章视频教学录像：57 分钟

Access 是由微软公司发布的关联式数据库管理系统。它结合了 Microsoft Jet Database Engine 和图形用户界面两项特点，是 Microsoft Office 的常用组件。

🍽 高手私房菜

第29章 Publisher 2013 397

📹 本章视频教学录像：21分钟

Publisher 是完整的企业发布和营销材料解决方案，常被人们认为是一款入门级的桌面出版应用软件，它具有比 Microsoft Word 更强大的页面元素控制功能。

🍽 高手私房菜

第30章 OneNote 2013 406

📹 本章视频教学录像：28分钟

使用 OneNote 2013 可以更加轻松、有效地收集、组织、查找和共享你的笔记和信息。它具有强大的搜索功能，可帮助你在图片、文本甚至录音和录像等有声内容中查找信息。

🍲 **高手私房菜**

光盘赠送资源

赠送资源1   Office 2013软件安装教学录像

赠送资源2   Office 2013快捷键查询手册

赠送资源3   700个Word常用文书模板

赠送资源4   532个Excel常用表格模板

赠送资源5   200个PowerPoint精美通用模板

赠送资源6   Excel函数查询手册

赠送资源7   常用五笔编码查询手册

赠送资源8   网络搜索与下载技巧手册

赠送资源9   16小时Windows 8教学录像

赠送资源10   9小时Photoshop CS6教学录像

第1篇
基础篇

第 **1** 章　初识 Office 2013

第 **2** 章　设置与基本操作

第 **1** 章

初识 Office 2013

本章视频教学录像：32 分钟

高手指引

Office 2013 是常用办公工具的集合，主要包括 Word 2013、Excel 2013、PowerPoint 2013 和 Outlook 2013 等其他组件。通过 Office 2013，可以实现文档的编辑、排版和审阅，表格的设计、排序、筛选和计算，演示文稿的设计和制作，以及电子邮件收发等功能。

重点导读

✚ 认识 Office 2013
✚ 掌握 Office 2013 安装与卸载的方法
✚ 了解触摸式的 Office 界面
✚ 熟悉 Office 不同版本界面的对比分析
✚ 熟悉 Office 的版本兼容性

1.1 Office 2013 及其组件

本节视频教学录像：3 分钟

Office 2013 办公软件中包含 Word 2013、Excel 2013、PowerPoint 2013、Outlook 2013、Access 2013、Publisher 2013、Infopath 2013 和 OneNote 等组件。Office 2013 中最常用的 4 大办公组件是 Word 2013、Excel 2013、PowerPoint 2013 和 Outlook 2013。

Office 2013 的组件

1. 文档创作与处理——Word 2013

Word 2013 是市面上使用频率最高的文字处理软件。使用 Word 2013，可以实现文本的编辑、排版、审阅和打印等功能。

Word 2013 界面

2. 电子表格——Excel 2013

Excel 2013 是一款强大的数据表格处理软件。使用 Excel 2013，可对各种数据进行分类统计、运算、排序、筛选和创建图表等操作。

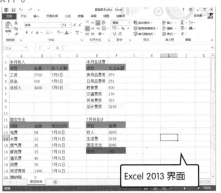

Excel 2013 界面

3. 演示文稿——PowerPoint 2013

PowerPoint 2013 是制作演示文稿的软件。使用 PowerPoint 2013，可以使会议或授课变得更加直观、丰富。

PowerPoint 2013 界面

4. 收发邮件——Outlook 2013

Outlook 2013 是一款运行于客户端的电子邮件软件。使用 Outlook 2013，可以直接进行电子邮件的收发、任务安排、制定计划和撰写日记等工作。

Outlook 2013 界面

1.2 Office 2013 的安装和卸载

本节视频教学录像：8 分钟

软件使用之前，首先要将软件装载到电脑中，此过程为安装；如果不想使用此软件，可以将软件从电脑中清除，此过程为卸载。本节介绍 Office 2013 的安装与卸载。

1.2.1 电脑配置要求

要安装 Office 2013，电脑硬件和软件的配置要达到以下的要求才能安装和顺利运行 Office 2013。

1. CPU 和内存

1 GHz 或更高主频的 x86/x64 处理器，具有 SSE2 指令集。内存建议满足 1 GB RAM（32 位）/2 GB RAM（64 位）。

2. 操作系统

32 位或 64 位 Windows 7 或更高版本；

Windows Server 2008 R2 或更高版本，带有 .Net 3.5 或更高版本。Office 2013 无法在运行 Windows XP 或 Vista 操作系统的电脑上安装。

3. 硬盘可用空间

3.5 GB 可用磁盘空间。

1.2.2 Office 2013 的安装

安装 Office 2013，首先要启动 Office 2013 的安装程序，按照安装向导的提示来完成软件的安装。安装的具体操作如下。

❶ 将光盘放入电脑的光驱中，系统会自动弹出安装提示窗口，在弹出的对话框中阅读软件许可证条款，选中【我接受此协议的条款】复选框后，单击【继续】按钮。

❷ 在弹出的对话框中选择安装类型，这里选择【立即安装】按钮。

提示 如果安装文件已存储在本地硬盘中，可以找到并双击安装文件，即可进入安装提示窗口。

提示 单击【立即安装】按钮可以在默认的安装位置安装默认组件，单击【自定义】按钮可以自定义安装的位置和组件。

❸ 系统开始进行安装，如图所示。

开始进行安装

❹ 安装完成之后，单击【关闭】按钮，即可完成安装。

单击

1.2.3 Office 2013 组件的添加与删除

安装 Office 2013 后，还可以将不需要的组件删除或者添加其他组件，释放其所占用的磁盘空间。

1. 添加组件

添加组件的具体操作步骤如下。

❶ 打开【控制面板】窗口，以"小图标"的方式查看，单击【程序和功能】选项。

单击

❷ 弹出【程序和功能】对话框，选择【Microsoft Office Professional Plus 2013】选项，单击【更改】按钮。

单击

❸ 在弹出的【Microsoft Office Professional Plus 2013】对话框中单击选中【添加或删除功能】单选项，单击【继续】按钮。

1. 选择

2. 单击

❹ 单击需要添加组件前的 按钮，在弹出的下拉列表中选择【从本机运行】选项，单击【继续】按钮，即可开始安装，并显示配置进度，安装完成，单击【关闭】按钮。

1. 单击

2. 单击

提示 下拉列表中 4 个选项的含义如下。

【从本机运行】：用户选中的组件将被安装到当前计算机内。

【从本机运行全部程序】：除了安装用户选中的组件外，服务器扩展管理表单也会被安装到计算机内。

【首次运行时安装】：选中的组件将在第一次使用时，才会被安装到计算机内。

【不可用】：不安装或者删除组件。

2. 删除组件

在弹出如右图所示对话框时，单击需要删除组件前的 按钮，在弹出的下拉列表

中选择【不可用】选项，单击【继续】按钮，即可开始删除组件，并显示配置进度，删除完成，单击【关闭】按钮。

1.3 触摸式的 Office 2013 界面

本节视频教学录像：3 分钟

Office 2013 版本可以在触摸式的平板电脑或超级本中使用，这里以 Word 2013 的操作界面为例，介绍 Office 2013 的工作界面。

1.3.1 全新的 Ribbon 用户界面

Word 2013 的 Ribbon 界面与 Word 2010 的 Ribbon 界面相比，功能区基本无大差别，相比之，Word 2013 的 Ribbon 界面更为美观。

Office 2013 版本的 Ribbon 界面将动态增加的工具栏按钮固定在屏幕顶部的一部分区域上，保持了用户可用区域最大化，并且在新增加功能（如基于上下文的设计功能工具栏、图片工具栏等）时，不增加这个区域（而是增加选项卡），这种用户界面具备更多的灵活性。

1.3.2 在 PC 机中的使用

Office 2013 全新的工作界面在 PC 机上与 Office 2010 基本相同。

1. 功能区

功能区是菜单和工具栏的主要显现区域，几乎涵盖了所有的按钮、库和对话框。功能区首先将控件对象分为多个选项卡，然后在选项卡中将控件细化为不同的组。

2. 文档编辑区

文档编辑区是工作的主要区域，用来实现文档的显示和编辑。在进行文档编辑时，

可以使用水平滚动条和垂直滚动条等辅助工具。

1.3.3 在平板电脑和超级本中的使用

平板电脑和超级本中使用的是触屏操作，为了在操作时防止手指触摸产生错点，在触屏操作中 Office 2013 的按键设计得较大一些，如图所示。除了按键较为大一些外，其他 Office 的功能大致相同，如在 PowerPoint 2013 中的联机模板功能。

1.4 各版本 Office 软件界面的异同分析

📹 本节视频教学录像：5 分钟

Office 系列软件从 2003 版到 2013 版，功能在不断完善，安全性也不断提高。Office 2013 新出现的云功能更是为诸多使用者带来了方便，只要将工作文档在云功能中备份，即可在其他有 Office 2013 软件的地方继续办公。

1.4.1 与 Office 2003 的界面对比

以 Word 为例，下图为 Word 2003 和 Word 2013 的界面图。

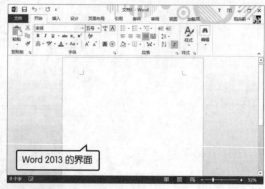

Word 2013 相比 Word 2003 而言，全新的导航搜索窗口、生动的文档视觉效果应用、更加安全的文档恢复功能、简单便捷的截图功能等都是新增加的功能及特性。

1. 相同点

(1) 功能命令几乎相同。

(2) 标题栏与状态栏位置相同。

2. 不同点

(1) Word 2003 命令包含在菜单选项中，Word 2013 命令包含在功能区选项板中。

(2) Word 2013 新增快速访问工具栏，可以添加常用的工具按钮。

(3) Word 2013 采用全新的操作界面。

(4) 默认状态下，Word 2013 不显示标尺。

(5) Word 2013 新增加云功能。

(6) Word 2013 新增加触屏模式。

在 Word 2003 中标题栏下方以菜单选项的形式显示，功能区中将常用的功能按钮一一显示出来，操作者也可以将经常使用的功能键添加至功能区中。

在 Word 2013 中标题栏下方以选项卡的形式显示，将常用的功能键添加至【开始】选项卡下。使操作者在操作中更容易找到所需要的功能。

在 Word 2013 中，新添加快速访问工具栏，可以将经常用到的功能按钮添加至此。

而【文件】选项卡也单独列出来，使其功能更全面。

1.4.2 与 Office 2007 的界面对比

以 Excel 为例，下图为 Excel 2007 和 Excel 2013 的界面图。

Excel 2007 的界面

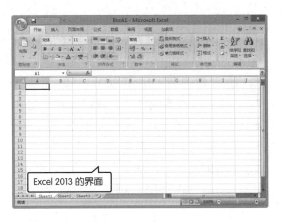

Excel 2013 的界面

　　Excel 2013 相比 Excel 2007 而言，将【Office 按钮】按钮修改为【文件】选项卡，全新的 SkyDrive 在线存储文档功能使得 Office 2013 适用范围更广，在任何地方任何设备中都可以访问所存储的文件，还可以和其他人互相分享与讨论。

1. 相同点

(1) 功能命令相同。

(2) 标题栏与状态栏位置相同。

(3) 选项卡下功能按键及位置相同。

(4) 文件版本类型相同。

2. 不同点

(1) Excel 2007 命令包含在菜单选项中，Excel 2013 命令包含则在功能区选项板中。

(2) Excel 2013 新增快速访问工具栏，可以添加常用的工具按钮。

(3) Excel 2013 采用全新的操作界面。

(4) Excel 2013 新增加云功能。

(5) Excel 2013 新增加触屏模式。

1.4.3 与 Office 2010 的界面对比

　　以 PowerPoint 为例，下图为 PowerPoint 2010 和 PowerPoint 2013 的界面图。

单击此处添加标题

单击此处添加副标题

PowerPoint 2010 的界面

单击此处添加标题

单击此处添加副标题

PowerPoint 2013 的界面

Office 2013 具有全新的视觉效果和更加完善的功能选项。Office 2013 设计了 Metro 风格的 Office 启动界面，颜色鲜艳。最主要的是 Office 2013 完美地嵌入了 Windows 8 系统中，使其可以在平板电脑中办公，显示出完美的触觉效果。下图为 PowerPoint 2013 的触屏界面。

在触屏界面中，功能选项区的按键距离变大，以便于减少手指点击时出现的错点。

丰富的联机模板资源

按键距离变大

点击此处添加标题

PowerPoint 2013 中有丰富的联机模板资源，可以为设计者省去很多麻烦，不必为设计模板而发愁。

1. 相同点

(1) 功能命令相同。

(2) 标题栏与状态栏位置相同。

(3) 选项卡下功能按键及位置相同。

(4) 文件版本类型相同。

2. 不同点

(1) PowerPoint 2010 命令包含在菜单选项中，PowerPoint 2013 命令包含在功能区选项板中。

(2) PowerPoint 2013 新增快速访问工具栏，可以添加常用的工具按钮。

(3) PowerPoint 2013 采用全新的操作界面。

(4) PowerPoint 2013 新增加云功能。

(5) PowerPoint 2013 新增加触屏模式。

1.5 软件版本的兼容

本节视频教学录像：7 分钟

Office 系列软件不同版本之间可以互相转换格式，也可以打开其他版本的文件。

1.5.1 鉴别 Office 版本

目前常用的 Office 版本主要有 2003、2007、2010 和 2013。那么应如何识别文件使用的 Office 版本类型呢？下面给出两种进行鉴别的方法。

1. 通过文件后缀名鉴别

文件后缀名是操作系统用来标志文件格式的一种机制，每一类文件的后缀名各不相同，甚至同一类文件的后缀名因版本不同后缀名也有所不同。

这里以 Office 2003 和 Office 2013 为例，常见应用组件后缀名的区别如表所示。

版本	软件名称	后缀名
2003	Word 2003	.doc
	Excel 2003	.xls
	PowerPoint 2003	.ppt
2013	Word 2013	.docx
	Excel 2013	.xlsx
	PowerPoint 2013	.pptx

2. 根据打开模式鉴别

Office 2007、2010 和 2013 版本的后缀名一样,不容易区分,最简单的方法就是打开文件,如果高版本的办公软件打开低版本的文件时,标题栏中会显示"兼容模式"字样。

 1.5.2 打开其他版本的 Office 文件

Office 的版本由 2003 更新到 2013,新版本的软件可以直接打开低版本软件创建的文件,也可以将新版本的文件另存为低版本类型,使用低版本软件打开编辑。

1. Office 2013 打开 2003 格式文件

使用 Office 2013 可以直接打开 2003 格式的文件。

将 Word 2003 格式的文件在 Word 2013 文档中打开时,标题栏中则会显示出【兼容模式】字样。

2. 使用 Office 2003 打开 Office 2013 创建的文件

使用 Word 2003 也可以打开 Word 2013 创建的文件,只需要将其类型更改为低版本类型即可,具体操作步骤如下。

❶ 使用 Word 2013 打开随书光盘中的"素材 \ch01\ 产品宣传 .docx",单击【文件】选项卡,在【文件】选项卡下的左侧选择【另存为】选项,在右侧【计算机】选项下单击【浏览】按钮。

❷ 弹出【另存为】对话框,在【保存类型】下拉列表中选择【Word 97-2003 文档】选项。

❸ 文档的后缀将以 ".doc" 显示,单击【保存】按钮即可将其转换为低版本。

 提示 Office 2007、Office 2010 和 Office 2013 后缀格式相同,三者之间均可互相打开,但使用高版本软件打开低版本文件时,将提示"兼容模式"。

1.5.3 另存为其他格式

使用 Office 2013 创建好文档后，有时为了工作的需要，需要把该文档保存为其他格式，如上节所讲述的 2003 版本格式，还可以转换为 PDF 格式、XML 格式和网页格式等其他格式。

1. 将 Word 文档转换为 PDF 格式

❶ 打开随书光盘中的"素材 \ch01\ 产品介绍 .docx"文档，选择【文件】➤【另存为】菜单项，选择保存路径，弹出【另存为】对话框。

❷ 在弹出的【另存为】对话框中的【保存类型】下拉列表中选择【PDF】，然后单击【保存】按钮。

❸ 转换完成之后的格式如下图所示。

2. 将 Word 文档转换为网页格式

❶ 打开随书光盘中的"素材 \ch01\ 产品介绍 .docx"文档，选择【文件】➤【另存为】菜单项，选择保存路径，弹出【另存为】对话框。

❷ 在弹出的【另存为】对话框中的【保存类型】下拉列表中选择【网页】，然后单击【保存】按钮。

❸ 转换完成之后在 Word 2013 文档中打开后，其后缀名显示为".htm"，如下图所示。

> **提示** 转换为其他格式的方法与上述相同，只需在【另存为】对话框中的【保存类型】下拉列表中选择相应的格式类型，然后单击【保存】按钮即可。

1.6 综合实战——Office 2013 的帮助系统

本节视频教学录像：4 分钟

Office 2013 有非常强大的帮助系统，可以帮助用户解决应用中遇到的问题，是自学 Office 2013 的好帮手。来自 Office.com 的帮助是网络在线支持站点，从中可以获得 Office 的最新信息，搜索本地帮助无法解决的问题，还可以参加在线培训课程。总地来说，Office 2013 的帮助系统分为脱机帮助系统和联机帮助系统。以 Word 2013 为例进行介绍。

1. 脱机帮助

合理地利用帮助系统，可以极大地方便用户的日常操作。

❶ 单击文档右上角的【帮助】按钮 ? 或按【F1】键，弹出【Word 帮助】对话框，单击【Word 帮助】右侧的倒三角箭头，在弹出的下拉列表中选择【来自您计算机的帮助】选项，即为脱机帮助。

在弹出的下拉列表中选择【来自 Office.com 的 Word 帮助】选项

选择

❷ 在搜索框中输入要搜索的内容，如输入"页脚"，单击【搜索】按钮 🔍，如图所示，即为计算机中存储的帮助内容。

输入要搜索的内容，单击【搜索】按钮

2. 联机帮助

❶ 单击文档右上角的【帮助】按钮 ? 或按【F1】键，弹出【Word 帮助】对话框，单击【Word 帮助】右侧的倒三角箭头，在弹出的下拉列表中选择【来自 Office.com 的 Word 帮助】选项。如图所示，为联机帮助界面。

❷ 单击【改变文字大小】按钮 A⁺，可将【帮助】对话框中的文字改变大小。

单击【改变文字大小】按钮改变文字大小

提示

单击【后退】按钮 ⬅，可后退到上一个页面；
单击【前进】按钮 ➡，可前进到下一个页面；
单击【主页】按钮 🏠，可快速返回帮助主页；
单击【打印】按钮 🖨，可将搜索结果打印出来。

❸ 在搜索框中输入要搜索的内容，如输入"插入页脚"，单击【搜索】按钮 🔍，如图所示，即为联机帮助的帮助内容，单击帮助信息，则会弹出网页进行帮助介绍。

❹ 单击帮助信息中的其中一项，则弹出浏览页面，对其进行讲解。向下拖浏览页面右侧的滑动块，则在下方显示插入页脚的具体步骤。

 高手私房菜

本节视频教学录像：2 分钟

技巧：修复损坏的 Excel 2013 工作簿

这里以修复损坏的 Excel 2013 工作簿为例，具体的操作步骤如下。

❶ 启动 Excel 2013，创建一个空白工作簿，选择【文件】选项卡，在列表中选择【打开】选项，在右侧选择打开工作簿存放的路径，如选择【计算机】➤【浏览】选项，如图所示。

❸ 弹出【Microsoft Excel】对话框，单击【修复】按钮，即可将损坏的 Excel 工作簿修复并打开。

❷ 弹出【打开】对话框，选择损坏的工作簿，单击【打开】按钮后方的下三角箭头，在弹出的下拉列表中选择【打开并修复】选项，如图所示。

设置与基本操作

本章视频教学录像：29 分钟

高手指引

不同的用户使用的功能和操作习惯不尽相同，用户可以根据自己的习惯自定义工作环境和参数，以提高工作效率。本章主要介绍 Office 2013 的设置与基本操作，包括账户设置、选项设置和 Office 2013 的基本操作等。通过本章的学习，可以帮助用户构建个性化的 Office 2013 工作环境。

重点导读

+ 掌握 Office 2013 的账户和选项的设置
+ 掌握 Office 2013 的基本操作
+ 掌握定制窗口的方法

2.1 Office 2013 账户设置

本节视频教学录像：4 分钟

Office 2013 具有账户登录的功能，在 Office 2013 中登录 Microsoft 账户并在线保存 Office 文档之后，可以随时通过 PC、平板电脑中的 Office 2013 或 WebApps，对它们进行访问。

2.1.1 配置账户

登录 Office 2013 不仅可以随时随地处理工作，还可以联机保存 Office 文件，但前提是需要拥有一个 Microsoft 账户并且登录。

❶ 打开 word 文档，单击软件界面右上角的【登录】链接。

❷ 弹出【登录】界面，在文本框中输入电子邮件地址，单击【下一步】按钮。

❸ 在打开的界面输入账户密码，单击【登录】按钮。

> **提示** 如果没有 Microsoft 账户，可单击【立即注册】链接，注册账号。

❹ 登录后即可在界面右上角显示用户名称。

2.1.2 设置账户主题和背景

Office 2013 提供了多种 Office 背景和 3 种 Office 主题供用户选择，设置 Office 背景和主题的具体操作步骤如下。

❶ 单击【文件】选项卡下的【帐户】选项，弹出【帐户】主界面。

❷ 单击【Office 背景】后的下拉按钮，在弹出的下拉列表中选择office背景，这里选择【涂鸦菱形】选项。

❸ 单击【Office 主题】后的下拉按钮，在弹出的下拉列表中选择office主题，这里选择【深灰色】选项。

❹ 设置完成后，返回文档界面，即可看到设置背景和主题后的效果。

2.2 Office 2013 选项设置

本节视频教学录像：3分钟

单击【文件】➤【选项】选项，即可弹出【Word 选项】对话框。Office 2013（以 Word 2013 为例）选项的设置主要包括常规、显示、校对、保存、版式、语言等。

（1）【常规】选项：可以用来设置使用 Word 时采用的常规选项，包括【用户界面选项】、【对 Microsoft Office 进行个性化设置】和【启动选项】3 个选项组，在每个选项组下都包含相应的设置选项。

【常规】选项

（2）【显示】选项：更改文档内容在屏幕上的显示方式和在打印时的显示方式。显示选项下包括【页面显示选项】，【始终在屏幕上显示这些格式标记】，【打印选项】，每个选项下都有各自对应的功能选项。

【显示】选项页面

（3）【校对】选项：更改 Word 更正文字和设置其格式的方法。校对选项下包括【自动更正选项】，【在 Microsoft Office 程序中更正拼写时】，【在 Word 中更正拼写和语法时】，【例外项】，每个选项下都有各自对应的功能选项。

【校对】选项页面

（4）【保存】选项：可以自定义文档的保存方式，包括【保存文档】，【文档管理服务器文件的脱机编辑选项】，【共享该文档时保留保真度】，每个选项下都有各自对应的功能选项。

【保存】选项页面

（5）【版式】选项：指中文换行设置，首尾字符设置，字距调整，字符间距控制等样式。

【版式】选项页面

（6）【语言】选项：设置 Office 的首选项，包括【选择编辑语言】，【选择用户界面和帮助语言】，【选择屏幕提示语言】，每个选项下都有各自对应的功能选项。

【语言】选项页面

（7）【高级】选项：使用 Word 时采用的高级选项，包括【编辑选项】，【剪切、复制和粘贴】，【图像大小和质量】，【图表】，【显示文档内容】等选项，每个选项下都有各自对应的功能选项。

2.3 Office 2013 的基本操作

本节视频教学录像：16 分钟

本节以 Word 2013 软件为例来讲解 Office 2013 的基本操作。

2.3.1 Office 2013 的启动与退出

使用 Word 2013 编辑文档之前，首先需要掌握如何启动与退出 Word 2013。

1. 启动 Word 2013

启动 Word 2013 的具体步骤如下。

❶ 在键盘上按【Win】键，进入【开始】界面，单击【Word 2013】程序图标。

❷ 在弹出的创建文档界面中单击【空白文档】选项，随即会打开 Word 2013 并创建一个新的空白文档。

 提示　除了使用正常启动的方法外，还可以使用其他的一些方式启动 Word 2013。使用新建文档的方式启动 Word 2013。

在 Windows 8 桌面或文件夹的空白位置，单击鼠标右键，在弹出的快捷菜单中选择【新建】【Microsoft Word 文档】命令，即可在桌面创建一个 Word 文档，用户可以直接重命名该新建文档。双击即可打开该新建文档。

2. 退出 Word 2013

完成对文档的编辑处理后即可退出 Word 文档，退出 Word 2013 文档有以下几种方法。

（1）单击窗口右上角的的【关闭】按钮。

（2）单击【文件】选项卡中的【关闭】选项。

（3）在文档标题栏上单击鼠标右键，在弹出的控制菜单中选择【关闭】按钮。

（4）直接按【Alt+F4】组合键关闭文档。

 2.3.2 Office 2013 的保存和导出

文档的保存和导出是非常重要的，因为在 Word 2013 中工作时，所建立的文档以临时文件保存在电脑中，只要退出 Word 2013 工作成果就会丢失。只有保存或导出文档才能确保文档不会丢失。

1. 保存新建文档

保存新建文档的具体操作步骤如下。

❶ 新建并编辑 Word 文档后，单击【文件】选项卡，在左侧的列表中单击【保存】选项。

❷ 此时为第一次保存文档，系统会打开【另存为】界面。

❸ 在【另存为】界面中选择【计算机】，并单击【浏览】按钮，打开【另存为】对话框，选择文件保存的位置，在【文件名】文本框中输入要保存的文档名称，在【保存类型】下拉列表框中选择【Word 文档（*.docx）】。

❹ 单击【保存】按钮，即可完成保存文档的操作。此时原文档标题"文档 1"将更改为"文件"。

2. 保存已有文档

对已存在文档有 3 种方法可以保存更新。

(1) 单击【文件】选项卡，在左侧的列表中单击【保存】选项。

(2) 单击快速访问工具栏中的【保存】图标。

(3) 使用【Ctrl+S】组合键可以实现快速保存。

3. 另存文档

将文档另存的具体操作方法如下。

❶ 在已修改的文档中，单击【文件】选项卡，在左侧的列表中单击【另存为】选项。

❷ 在【另存为】界面中选择【计算机】，并单击【浏览】按钮。在弹出的【另存为】对话框中选择文档所要保存的位置，单击【保存】按钮，即可完成对修改后文档的保存。

4. 导出文档

下面以导出 PDF 文档的操作为例介绍导出文档的具体操作步骤。

❶ 在打开的文档中，单击【文件】选项卡，在左侧的列表中单击【导出】选项。单击【创建 PDF/XPS 文档】项，在右侧的界面中单击【创建 PDF/XPS】按钮。

❷ 弹出【发布为 PDF 或 XPS】对话框，在【文件名】文本框中输入要保存的文档名称，在【保存类型】下拉列表框中选择【PDF（*.pdf）】选项。单击【发布】按钮，即可将 Word 文档导出为 PDF 文件。

 ## 2.3.3 自定义功能区

功能区中的各个选项卡可以有用户自定义设置，包括命令的添加、删除、重命名、次序调整等。以 Word 为例自定义功能区的具体操作步骤如下。

❶ 在功能区的空白处单击鼠标右键，在弹出的快捷菜单中选择【自定义功能区】选项。

❷ 打开【Word 选项】对话框，单击【自定义功能区】选项下的【新建选项卡】按钮。

❸ 系统会自动创建一个【新建选项卡】和一个【新建组】。

❹ 单击选中【新建选项卡（自定义）】选项，单击【重命名】按钮。弹出【重命名】对话框，在【显示名称】文本框中输入"附加"字样，单击【确定】按钮。

❺ 单击选中【新建组（自定义）】选项，单击【重命名】按钮，弹出【重命名】对话框。在【符号】列表框中选择组图标，在【显示名称】文本框中输入"学习"字样，单击【确定】按钮。

❻ 返回到【Word 选项】对话框，即可看到
选项卡和选项组已被重命名，单击【从下列位
置选择命令】右侧的下拉按钮，在弹出的列表
中选择【所有命令】选项，在列表框中选择【词
典】项。

❼ 单击【添加】按钮，将其添加至新建的【附
加】选项卡下的【学习】组中。

❽ 单击【确定】按钮，返回至 Word 界面，
即可看到新增加的选项卡和选项组。

看到新增加的选
项卡和选项组

 提示 在【Word 选项】对话框中的【自定义
功能区】选项下选择新建的选项卡，单击【删除】
按钮，即可从功能区删除此选项卡。

2.3.4 通用的命令操作

　　Word、Excel 和 PowerPoint 中包含有很多通用的命令操作，如复制、剪切、粘贴、撤消、
恢复、查找和替换等。下面以 Word 为例进行介绍。

1. 复制命令

　　选择要复制的文本，单击【开始】选项
卡下【剪贴板】组中的【复制】按钮，或按
【Ctrl+C】组合键都可以复制选择的文本。

2. 剪切命令

　　选择要剪切的文本，单击【开始】选项
卡下【剪贴板】组中的【剪切】按钮，或按
【Ctrl+X】组合键都可以剪切选择的文本。

3. 粘贴命令

　　复制或剪切文本后，将鼠标光标定位至
要粘贴文本的位置，单击【开始】选项卡下
【剪贴板】组中的【粘贴】按钮的下拉按钮，
在弹出的下拉列表中选择相应的粘贴选项，
或按【Ctrl+V】组合键都可以粘贴文本。

 提示 【保留原格式】选项：被粘贴内容用保
留原始内容的格式。

　　【匹配目标格式】选项：被粘贴内容取消原始
内容格式，并应用目标位置的格式。

　　【仅保留文本】选项：被粘贴内容清除原始内
容和目标位置的所有格式，仅保留文本。

4. 撤消命令

　　当执行的命令有错误时，可以单击快速
访问工具栏中的【撤消】按钮，或按【Ctrl+Z】
组合键撤消上一步的操作。

5. 恢复命令

　　执行撤消命令后，可以单击快速访问工
具栏中的【恢复】按钮，或按【Ctrl+Y】组
合键恢复撤消的操作。

6. 查找命令

需要查找文档中的内容时，单击【开始】选项卡下【编辑】组中的【查找】按钮右侧的下拉按钮，在弹出的下拉列表中选择【查找】或【高级查找】选项，或按【Ctrl+F】组合键查找内容。

【查找和替换】对话框

 提示 选择【查找】选项或按【Ctrl+F】组合键，可以打开【导航】窗格查找。

选择【高级查找】选项可以弹出【查找和替换】对话框查找内容。

7. 替换命令

需要将某些内容或格式替换为其他内容或格式时，可以使用替换命令，单击【开始】选项卡下【编辑】组中的【替换】按钮，即可打开【查找和替换】对话框，在【查找内容】和【替换为】文本框中输入要查找和替换为的内容，单击【替换】按钮即可。

2.3.5 设置视图方式

Office 2013 中不同的组件分别有各自的视图模式，但是设置方法是一致的。例如在 Word 中，单击【视图】选项卡，在【视图】选项中，可以看到 5 种视图。分别是阅读视图、页面视图、Web 视图、大纲视图和草稿，选择不同的选项即可转换视图，通常默认的为页面视图。单击【视图】选项卡，在【视图】选项组中可以单击选择视图模式。

2.3.6 设置显示比例

设置界面的显示比例，可以方便阅读。可以通过【视图】选项卡或视图栏设置显示比例，下面以 Word 为例进行介绍。

1. 使用【视图】选项卡设置

单击【视图】选项卡下【显示比例】组中的【显示比例】按钮 ，在打开的【显示比例】对话框中，可以单击选中【显示比例】选项组中的【200%】、【100%】、【75%】、【页宽】等单选项，设置文档显示比例，或者在【百分比】微调框中自定义显示比例。

显示比例对话框

2. 使用视图栏设置

在页面底部的视图栏中，单击【缩小】按钮 **—** 可以缩小显示文档，单击【放大】按钮 **+** 可放大显示文档，可以拖曳中间的滑块调整显示比例。

2.4 综合实战——定制 Office 窗口

本节视频教学录像：4 分钟

用户可以使用默认的窗口，也可以通过自定义快速访问工具栏、功能区、状态栏定制符合自己操作习惯的窗口。下面以 Word 2013 为例讲解如何定制窗口。

【案例效果展示】

【案例涉及知识点】

- 添加快速访问工具栏按钮
- 设置快速访问工具栏的位置
- 最大化和最小化功能区

【操作步骤】

第 1 步：添加快速访问工具栏按钮

通过自定义快速访问工具栏按钮，可以自定义快速访问工具栏中的按钮。具体操作步骤如下。

❶ 打开随书光盘中的"素材\ch02\生日邀请函.docx"文档，单击快速访问工具栏中的【自定义快速访问工具栏】按钮，在弹出的【自定义快速访问工具栏】下拉列表中选择要显示的按钮，这里选择【新建】选项。

❷ 此时快速工具栏中新增加了上一步选中的【新建】按钮。

❸ 如果【自定义快速访问工具栏】下拉列表中没有需要的按钮选项，可以在列表中选择【其他命令】选项。

④ 弹出【Word 选项】对话框，选择【快速访问工具栏】选项卡，在【从下列位置选择命令】下拉列表框中选择添加的按钮类型为【常用命令】，在下方的列表框中选择要添加的按钮，这里选择【另存为】选项，单击【添加】按钮，最后单击【确定】按钮。

⑤ 可以看到页面中的【快速访问工具栏】选项卡中已添加了【另存为】按钮。

第2步：设置快速访问工具栏的位置

通过自定义快速访问工具栏按钮，可以设置快速访问工具栏位置。

❶ 单击快速访问工具栏中的【自定义快速访问工具栏】按钮，在弹出的【自定义快速访问工具栏】下拉列表中选择【功能区在下方显示】选项。

❷ 此时快速访问工具栏被移动到功能区下方。

第3步：最大化和最小化功能区

通过功能区最大化和最小化的设置，可以使页面更加简洁，方便用户查看。

❶ 单击工作界面右上方的【功能区最小化】按钮。

❷ 此时功能区将最小化为一行。

❸ 单击文档页面右上方的【功能区显示选项】按钮，在弹出的列表中选择【显示选项卡和命令】选项。即可看到功能区已被还原为最大化。

高手私房菜

📹 本节视频教学录像：2 分钟

技巧：删除快速工具栏中的按钮

用户可以从快速访问工具栏中删除不需要的按钮，具体操作步骤如下。

❶ 在快速访问工具栏中需要删除的按钮上单击鼠标右键。在弹出的快捷菜单中，选择【从快速访问工具栏中删除】命令。

❷ 即可将该按钮从快速访问工具栏中删除。

第2篇
Word 2013 篇

第 **3** 章　基本文档制作

第 **4** 章　高级排版操作

第 **5** 章　文档的美化

审阅文档　第 **6** 章

第

3

章

基本文档制作

本章视频教学录像：54 分钟

高手指引

在文档中输入文本并进行简单的设置，是Word 2013中的最基本操作。掌握这些操作，可以为以后的学习打下坚实的基础。

重点导读

+ 掌握图表的特点及使用方法
+ 掌握创建图表的方法
+ 掌握图表的基本操作
+ 掌握迷你图的创建

3.1 Word 2013 的工作界面

本节视频教学录像：2 分钟

Word 2013 的界面由【文件】选项卡、快速访问工具栏、标题栏、功能区、文档编辑区、状态栏和视图栏等组成。

3.2 新建文档

本节视频教学录像：5 分钟

在使用 Word 2013 处理文档之前，必须新建文档来保存要编辑的内容。新建文档的方法有以下几种。

3.2.1 创建空白文档

创建空白文档的具体操作步骤如下。

❶ 按【Win】键，进入【开始】界面，单击 Word 2013 图标，打开 Word 2013 的初始界面。

❷ 在 Word 开始界面，单击【空白文档】按钮。

❸ 即可创建一个名称为"文档 1"的空白文档。

3.2.2 使用现有文件创建文档

使用现有文件新建文档，可以创建一个和原始文档内容完全一致的新文档，具体操作步骤如下。

❶ 单击【文件】选项卡，在弹出的下拉列表中选择【打开】选项，在【打开】区域选择【计算机】选项，然后单击右下角的【浏览】按钮。

❷ 在弹出的【打开】对话框中选择要新建的文档名称，此处选择"Doc1.docx"文件，单击右下角的【打开】按钮，在弹出的快捷菜单中选择【以副本方式打开】选项。

❸ 即可创建一个名称为"副本（1）Doc1.docx"的文档。

3.2.3 使用本机上的模板新建文档

Office 2013 系统中有已经预设好的模板文档，用户在使用的过程中，只需在指定位置填写相关的文字即可。例如，对于需要制作一个毛笔临摹字帖的用户来说，通过 Word 2013 就可以轻松实现，具体操作步骤如下。

❶ 单击【文件】选项卡，在弹出的下拉列表中选择【新建】选项，然后单击【新建】区域的【书法字帖】按钮。

❷ 弹出【增减字符】对话框，在【可用字符】列表中选择需要的字符，单击【添加】按钮即可将所选字符添加至【已用字符】列表。

提示 如果在【已用字符】列表中有不需要的字符,可以选择该字符单击【删除】按钮。

 提示 在【增减字符】对话框中【字体】选项组中,单击选中【系统字体】单选项,在右侧的列表中即可选中,则普通的字体添加到书法字帖中。

❸ 添加完成后单击【关闭】按钮,即可完成对书法字帖的创建。

3.2.4 使用联机模板

除了 Office 2013 软件自带的模板外,微软公司还提供有很多精美的专业联机模板。

❶ 单击【文件】选项卡,在弹出的下拉列表中选择【新建】选项,在【搜索联机模板】搜索框中输入想要的模板类型,这里输入"卡片",单击【开始搜索】按钮 🔍 。

❷ 在搜索的结果中选择"情人节卡片"选项。

❸ 在弹出的"情人节卡片"预览界面中单击【创建】按钮,即可下载该模板。下载完成后,会自动打开该模板。

❹ 创建效果如图所示。

3.3 打开文档

📇 本节视频教学录像:3 分钟

Word 2013 提供了多种打开已有文档的方法,下面介绍几种常用的方法。

3.3.1 正常打开文档

一般情况下，只需要在将要打开的文档图标上双击即可打开文档。

另外也可以单击鼠标右键，在弹出的快捷菜单中选择【打开方式】▶【Word】命令或直接单击【打开】命令，打开文档。

3.3.2 以副本方式打开文档

以副本方式打开文档可以保证在原文档内容不变的情况下，重新打开一个与原文档内容相同的文档，便于保护原文档的内容。

❶ 打开随书光盘中的"素材 \ch03\ 设置字体外观 .docx"文件，选择【文件】▶【打开】选项，在右侧的【打开】区域单击【计算机】按钮，然后单击【浏览】按钮。

❷ 在弹出的【打开】对话框中，选择将要打开的文件，单击【打开】按钮右侧的下拉按钮，在其下拉菜单中选择【以副本方式打开】选项。

❸ 打开的效果如图所示，文档名称显示为"副本（1）设置字体外观 .docx"。

3·3·3 快速打开文档

在打开的任意文档中，单击【文件】选项卡，在其下拉列表中选择【打开】选项，在右侧的【最近使用的文档】区域选择将要打开的文件名称，即可快速打开最近使用过的文档。

3.4 文本的输入与编辑

本节视频教学录像：14 分钟

文本的输入功能非常简便，输入的文本都是从插入点开始的，闪烁的垂直光标就是插入点。光标定位确定后，即可在光标位置处输入文本，输入过程中，光标不断向右移动。

3·4·1 基本输入

用户在编辑文档时，主要是输入文字、日期、时间和符号等内容。

1. 中文输入

在文档中输入中文，具体操作步骤如下。

❶ 单击右下角的 简体，在弹出的列表中单击选择合适的中文输入法。

> 📝 **提示** 按【Win+ 空格】组合键可以快速弹出输入法列表。按住【Win】键不动，然后使用空格键还可以在不同的输入法之间进行切换。

❷ 当输入文字到达文档编辑区的右边界时，不要按回车键，只在结束一段文本的输入时才需要按回车键。

❸ 在输入完一段文字后，按回车键，表示段落结束。这时在该段末尾会留下一个向左弯的段落标记箭头 ↵。

2. 日期和时间的输入

在文档中插入日期和时间，具体操作步骤如下。

❶ 单击【插入】选项卡下【文本】选项组中【时间和日期】按钮 🔲。

❷ 在弹出的【日期和时间】对话框中，选择第 3 种日期和时间的格式，然后单击选中【自动更新】复选框，此时插入文档的日期和时间就会自动更新。

3. 符号和特殊符号的输入

除了键盘上常用的符号，当插入一些特殊符号时，具体操作步骤如下。

❶ 打开随书光盘中的"素材 \ch03\ 考勤管理工作标准 .docx"文件，将鼠标光标放在段前，单击【插入】选项卡下【符号】选项组中的【符号】按钮右侧的下拉按钮，在弹出的下拉列表中选择【其他符号】选项。

❷ 弹出【符号】对话框，在【符号】选项卡中单击【子集】右侧的下拉按钮，在弹出的下拉列表中选择【几何图形符】选项。

❸ 选择"◇"符号，单击【插入】按钮，再单击【关闭】按钮。

❹ 返回 Word 文档中即可看到添加的特殊符号，使用同样方式为其他文本添加符号。

3·4·2 输入公式

数学公式在编辑数学方面的文档时使用非常广泛。如果直接输入公式，比较繁琐，浪费时间且容易输错。在 Word 2013 中，可以直接使用【公式】按钮来输入数学公式，具体操作步骤如下。

❶ 启动 Word 2013，新建一个空白文档，将光标定位在需要插入公式的位置，单击【插入】选项卡，在【符号】选项组中单击【公式】按钮，在弹出的下拉列表中选择【二项式定理】选项。

❷ 返回 Word 文档中即可看到插入的公式。

❸ 插入公式后，窗口停留在【公式工具】▶【设计】选项卡下，工具栏中提供一系列的工具模板按钮，单击【公式工具】▶【设计】选项卡下的【符号】选项组中的【其他】按钮▾，在【基础数学】的下拉列表中可以选择更多的符号类型；在【结构】选项组包含了多种公式。

❹ 在插入的公式中选择需要修改的公式部分，在【公式工具】▶【设计】选项卡下【符号】和【结构】选项组中选择将要用到的运算符号和公式，即可应用到插入的公式当中。这里我们将更改公式中的"n/k"，单击【结构】选项组中的【分数】按钮，在其下拉列表中选择【dy/dx】选项。

❺ 单击即可改变文档中的公式，结果如图所示。

❻ 在文档中单击公式左侧的图标，即可选中此公式，单击公式右侧的下拉三角按钮，在弹出的列表中选择【线性】选项，即可完成公式的改变。用户也可根据自己的需要进行更多操作。

3·4·3　文本编辑

文本的编辑方法包括选定文本、文本的删除和替换、文本的移动及文本的复制等。

1. 选定文本

选定文本时既可以选择单个字符，也可以选择整篇文档。选定文本的方法主要有以下几种。

（1）拖曳鼠标选定文本

选定文本最常用的方法就是拖曳鼠标选取。采用这种方法可以选择文档中的任意文字，是最基本、最灵活的选取方法。

❶ 打开随书光盘中的"素材\ch03\ 工作报告.docx"文件，将鼠标光标放在要选择的文本的开始位置，如放置在第 2 行的中间位置。

❷ 按住鼠标左键并拖曳，这时选中的文本会以阴影的形式显示，选择完成，释放鼠标左键，鼠标光标经过的文字就被选定了，单击文档的空白区域，即可取消文本的选择。

选择的文本

提示 通常情况下，如果要选择的是文档中的某一行，可先将鼠标指针移动到该行内容中，双击即可选中，单击 3 次选中整段内容。

(2) 用键盘选定文本

在不使用鼠标的情况下，我们可以利用键盘组合键来选择文本。使用键盘选定文本时，需先将插入点移动到将选文本的开始位置，然后按相关的组合键即可。

组合键	功能
【Shift+ ←】	选择光标左边的一个字符
【Shift+ →】	选择光标右边的一个字符
【Shift+ ↑】	选择至光标上一行同一位置之间的所有字符
【Shift+ ↓】	选择至光标下一行同一位置之间的所有字符
【Shift+Home】	选择至当前行的开始位置
【Shift+End】	选择至当前行的结束位置
【Ctrl+A】/【Ctrl+5（数字小键盘上的"5"）】	选择全部文档
【Ctrl+Shift+ ↑】	选择至当前段落的开始位置
【Ctrl+Shift+ ↓】	选择至当前段落的结束位置
【Ctrl+Shift+Home】	选择至文档的开始位置
【Ctrl+Shift+End】	选择至文档的结束位置

(3) 键盘和鼠标相互配合选定文本

❶ 用鼠标在起始位置单击，然后按住【Shift】键的同时单击文本的终止位置，此时可以看到起始位置和终止位置之间的文本已被选中。

选择连续文本

❷ 取消之前的文本选择，然后按住【Ctrl】键的同时拖曳鼠标，可以选择多个不连续的文本。

选择不连续文本

2. 文本的删除和替换

删除错误的文本或使用正确的文本内容替换错误的文本内容，是文档编辑过程中常用的操作。删除文本的方法有以下几种。

(1) 使用【Delete】键删除文本

选定错误的文本，然后按键盘上的【Delete】键即可。

(2) 使用【Backspace】键删除文本

将鼠标光标定位在想要删除字符的后面，按键盘上的【Backspace】键。

3. 文本的移动

在文档的编辑过程中，经常需要将整块文本移动到其他位置，用来组织和调整文档结构。

❶ 打开随书光盘中的"素材\ch03\工作报告.docx"文件，选择要移动的文本，将鼠标指针移到选定的文本上，按住鼠标左键，鼠标指针变为 形状。

❶ 选定将要复制的文本，将鼠标指针移到选定的文本上，当鼠标指针变为向左的箭头时，按住【Ctrl】键的同时，按住鼠标左键，鼠标指针变为形状。

❷ 拖曳鼠标到目标位置，即虚线指向的位置，然后松开鼠标左键，即可移动文本。

❷ 拖曳鼠标到目标位置，然后松开鼠标左键，即可复制选中的文本。

4. 文本的复制

在文档编辑过程中，复制文本可以简化文本的输入工作。

3·4·4 其他输入方法

在文本内容输入时，除了常用的输入方法外，还可以使用手写输入。使用 Windows 8 系统自带的手写输入程序手写输入的具体操作步骤如下。

❶ 新建一个空白文档，然后将光标定位在将要输入内容的位置，然后在状态栏输入法的图标 中 上单击鼠标右键，在弹出的快捷菜单中选择【输入板】菜单命令。

❷ 弹出系统默认的【输入板 - 字典查询】主程序，在其左侧单击【手写识别】按钮。

❸ 打开【输入板 - 手写识别】主程序，在左侧的输入框中，使用鼠标书写要输入的文字，在主程序中间将会自动检索出相近的文字。

❹ 单击要输入的文字，在文档中就会自动显示出文字。

> **提示** 单击【撤消】按钮可取消前一笔，单击【清除】按钮可清除全部笔画。

3.5 设置字体的外观

📽 本节视频教学录像：9 分钟

字体外观的设置，直接影响到文本内容的阅读效果，美观大方的文本样式可以给人以简洁、清新、赏心悦目的阅读感觉。

3.5.1 字体格式设置的方法

在 Word 2013 中，用户可以使用【字体】选项组和【字体】对话框，来设置字体的格式。

1. 使用【字体】选项组设置字体

在【开始】选项卡下的【字体】选项组中单击相应的按钮来修改字体格式是最常用的字体格式设置方法。

2. 使用【字体】对话框来设置字体

选择要设置的文字，单击【开始】选项卡下【字体】选项组右下角的 按钮或单击鼠标右键，在弹出的快捷菜单中选择【字体】菜单项，都会弹出【字体】对话框，从中可以设置字体的格式。

3.5.2 设置字符间距

本节我们将介绍在文档制作过程中对于字符间距的设置，具体操作步骤如下。

❶ 打开随书光盘中的"素材 \ch03\ 秘书职责书.docx"文件,选择将要设置字符间距的文本。

❷ 单击【开始】选项卡下【字体】选项组右下角的 按钮,在弹出的【字体】对话框中选择【高级】选项卡,在字符间距区域,设置【缩放】为"50%",并调整【位置】为"提升",其他为默认值,然后单击【确定】按钮。

❸ 效果如图所示。

3·5·3 设置文字的效果

为文字添加艺术效果,可以使文字看起来更加美观,具体操作步骤如下。

❶ 在打开的"素材 \ch03\ 秘书职责书 .docx"文件中,选中所有文字,单击【开始】选项卡下【字体】选项组右下角的 按钮,弹出【字体】对话框,单击【文字效果】按钮。

❷ 弹出【设置文本效果格式】对话框。在【文本填充】区域,单击选中【纯色填充】单选项,在【颜色】右侧的颜色调色板中选择【绿色】选项。

❸ 在【文本效果】区域的【映像】中,设置其【预设】样式为"半映像,接触",然后单击【确定】按钮。

❹ 效果如图所示。

3.6 设置段落格式

🎬 本节视频教学录像：7 分钟

段落样式是指以段落为单位所进行的格式设置。本节主要讲解段落的对齐方式、段落的缩进、行间距及段落间距等。

3.6.1 设置段落的对齐方式

整齐的排版效果可以使文本更为美观，对齐方式就是段落中文本的排列方式。Word 中提供了 5 种常用的对齐方式，分别为左对齐、右对齐、居中对齐、两端对齐和分散对齐。

我们不仅可以通过工具栏中的【段落】选项组中的对齐方式按钮来设置对齐，还可以通过【段落】对话框，来设置对齐。具体操作步骤如下。

单击【开始】选项卡下【段落】选项组右下角的 🔲 按钮或单击鼠标右键，在弹出的快捷菜单中选择【段落】菜单项，都会弹出【段落】对话框。在【缩进和间距】选项卡下，单击【常规】组中【对齐方式】右侧的下拉按钮，在弹出的列表中可选择需要的对齐方式。

3.6.2 段落的缩进

段落缩进是指段落到左右页边距的距离。根据中文的书写形式，通常情况下，正文中的每个段落都会首行缩进两个字符。段落缩进的具体步骤如下。

❶ 打开随书光盘中的"素材 \ch03\ 办公室保密制度 .docx"文件，选中要设置缩进文本，单击【段落】选项组右下角的 ⌐ 按钮。

选择文本

> **提示** 在【开始】选项卡下【段落】组中单击【减小缩进量】 按钮和【增加缩进量】按钮 也可以调整缩进。

❷ 弹出【段落】对话框，单击【特殊格式】下方文本框右侧的下拉按钮，在弹出的列表中选择【首行缩进】选项，在【缩进值】文本框输入"2 字符"，单击【确定】按钮。

1. 设置首行缩进 2 字符

2. 单击

❸ 缩进效果如图所示。

首行缩进效果

> **提示** 在【段落】对话框中除了设置首行缩进外，还可以设置文本的悬挂缩进。

3.6.3 段落间距及行距

设置段落间距及行距的具体操作步骤如下。

❶ 在打开的"素材 \ch03\ 办公室保密制度 .docx"文件中，选择文本，单击【段落】选项组右下角的 ⌐ 按钮。

1. 选择的文本

2. 单击

❷ 在弹出的【段落】对话框中，选择【缩进和间距】选项卡。在【间距】组中分别设置段前和段后为"0.5 行"；在【行距】下拉列表中选择【1.5 倍行距】选项。

> **提示** 在【段落】对话框中可以预览【缩进和间距】的设置效果，以便更好地适应页面布局。

1. 设置行距和段落间距

2. 单击

❸ 单击【确定】按钮，效果如图所示。

显示设置效果

 ← 此处为章节标题图
3.6.4 换行和分页

通常情况下，系统会对文档自动换行和分页。某些需要单独一页或另起一行显示的也可以采用手动分页或换行的方法进行设置。

1. 设置分页

设置分页的具体操作步骤如下所示。

❶ 在打开的"办公室保密制度 .docx"文件中，将鼠标光标定位到需要分页的位置。

选择分页位置

❷ 在【页面布局】选项卡下【页面设置】选项组中，单击【分隔符】按钮 分隔符▾ 右侧的下拉按钮，在其列表中选择【分页符】选项。

单击

❸ 返回文档即可看到已经在插入点的位置开始新的一页。

插入的页面

> **提示** 也可以在【页面设置】对话框中的【页边距】选项卡中，在【纸张方向】区域设置纸张的方向。

2. 设置换行

设置换行的方法有两种，一种是使用换行标记，另一种是使用手动换行符。

（1）使用换行标记

新建一个空白文档，输入以下内容，如果文本需要另起一行，则可以按【Enter】键来结束上一段文本，这样就会在该段末尾留下一个段落标记"↵"。

段落标记

提示　在【Word 选项】对话框【显示】选项下的【始终在屏幕上显示这些格式标记】组下撤销选中相应的复选框即可取消这些标记。

(2) 使用手动换行符

按【Shift+Enter】组合键来结束一个段落，此时产生的是一个手动换行符"↓"。此时虽然可以达到换行的目的，但此段落不会结束，只是换行输入而已，与前一个段落仍是整体。

段落标记

3.7 设置边框和底纹

本节视频教学录像：2 分钟

边框是指在一组字符或句子周围应用边框；底纹是指为所选文本添加底纹背景。在文档中，为选定的字符、段落、页面以及图形设置各种颜色的边框和底纹，从而达到美化文档的效果。具体操作步骤如下。

❶ 打开随书光盘中的"素材 \ch03\ 毕业自我鉴定 .docx"文件，选择需要添加边框的文本。

选择的文本

❷ 单击【开始】选项卡下【段落】选项组中【边框】按钮 □· 右侧的下拉按钮，在弹出的下拉列表中选择【边框和底纹】选项。

选择【边框和底纹】选项

❸ 弹出【边框和底纹】对话框，选择【边框】选项卡，然后设置边框的各项参数设置。

1. 单击【阴影】选项

3. 预览效果

2. 设置边框的样式、颜色和宽度

4. 单击

❹ 单击【确定】按钮后效果如图所示。

添加的边框效果图

❺ 选择将要设置底纹的文本，按步骤 ❷ 的方法打开【边框和底纹】对话框。选择【底纹】选项卡，在【填充】区域设置其颜色为"水绿色，着色 5，淡色 40%"；在【图案】区域设置其图案【样式】为"5%"，【颜色】为"白色"；在【应用于】区域设置其应用样式为"文字"。然后单击【确定】按钮。

1. 设置填充颜色
2. 设置图案的样式和颜色
4. 预览效果
3. 设置应用范围
5. 单击

❻ 效果如图所示。

添加底纹的效果图

3.8 辅助工具的使用

本节视频教学录像：4 分钟

Word 中提供了许多辅助工具，可以帮助用户编辑和排版，如标尺、网格线和导航窗格等。本节介绍这些常用工具的使用方法。

3.8.1 使用标尺

标尺可以用来测量或对齐文档中的对象，作为字体大小、行间距等的参考。使用选项卡实现标尺的显示的具体步骤如下。

❶ 打开随书光盘中的"素材 \ch03\ 辅助工具的使用 .docx"文件，单击选中【视图】选项卡下【显示】选项组中的【标尺】复选框，此时可看到文档中已经显示标尺。

单击选中

❷ 拖动水平标尺上的游标，可以快速地设置段落的左缩进、右缩进、首行缩进和悬挂缩进等。

3.8.2 使用网格线

使用网格线可以方便地将文档中的对象沿网格线对齐，例如移动对齐图形或文本框。具体的操作步骤如下。

打开随书光盘中的"素材\ch03\辅助工具的使用.docx"文件。单击选中【视图】选项卡下【显示】选项组中的【网格线】复选框，此时可看到文档中已经显示网格线。

3.8.3 使用导航窗格

导航窗格在文档中一个单独的窗格中显示文档标题，可以使文档结构一目了然。可以通过按标题、页面或文本搜索来进行导航。

❶ 打开随书光盘中的"素材\ch03\辅助工具的使用.docx"文件。单击选中【视图】选项卡下【显示】选项组中的【导航窗格】复选框。

❷ 此时在文档的左侧可以看到导航窗格。

❸ 单击【导航窗格】中的【页面】选项，即可看到文档以页面形式在导航栏显示。

❹ 在【导航窗格】中的【搜索文档】文本框中输入"模型空间"，然后单击【结果】选项，即可看到"模型空间"的搜索结果在导航栏中显示。

3.9 综合实战——公司内部通知

本节视频教学录像：5 分钟

通知是在学校、单位、公共场所经常可以看到的一种知照性公文。公司内部通知是一项仅限于公司内部人员知道或遵守的，为实现某一项活动或决策特别制定的说明性文件，常用的通知还有会议通知、比赛通知、放假通知、任免通知等。

【案例效果展示】

效果图

【案例涉及知识点】

- 创建文档
- 设置字体
- 设置段落缩进和间距
- 添加边框和底纹

【操作步骤】

第 1 步：创建文档

创建文档的具体操作步骤如下。

❶ 新建一个空白文档，并保存为"办公室保密制度通知单 .docx"，然后打开此文档。

新建文档

❷ 打开随书光盘中的"素材 \ch03\ 办公室保密制度通知单 .docx"文件，将内容全部复制到新建的文档中。

输入文本

第 2 步：设置字体

设置字体的具体操作步骤如下。

❶ 选择"办公室保密制度通知单"文本。在【开始】选项卡下【字体】选项组中分别设置【字体】为"方正楷体简体"，【字号】为"二号"，【效果】为"加粗"和"居中"显示。

设置标题字体、字号和字体效果

❷ 使用同样方式分别设置"细则"和"责任"，【字体】为"方正楷体简体"，【字号】为"小三"，【效果】为"加粗"和"居中"显示。

第 3 步：设置段落缩进和间距

设置段落缩进和间距的具体操作步骤如下。

❶ 选择正文内容，单击【开始】选项卡下【段落】选项组中的【段落设置】按钮，弹出【段落】对话框。分别设置【特殊格式】为"首行缩进"，【缩进值】为"2 字符"，【行距】为"1.5 倍"。

❷ 单击【确定】按钮，效果如图所示。

第 4 步：添加边框和底纹

添加边框和底纹的具体操作步骤如下。

❶ 按【Ctrl+A】组合键，选中所有文本，单击【开始】选项卡下【段落】选项组中【边框】按钮右侧的下拉按钮，在弹出的下拉列表中选择【边框和底纹】选项。

❷ 弹出【边框和底纹】对话框，在【设置】列表中选择【阴影】选项，在【样式】列表中选择一种线条样式，在【颜色】列表中选择【绿色，着色 6，深色 50%】选项，在【宽度】列表中选择【0.5 磅】选项。

❸ 单击【底纹】选项卡，在【填充】颜色下拉列表中选择【绿色，着色 6，淡色 60%】选项，单击【确定】按钮。

❹ 最终结果如图所示。

高手私房菜

本节视频教学录像：3 分钟

技巧 1：设置文档自动保存的时间间隔

用户在创建 Word 文档的过程中，有可能因为种种原因没有保存而丢失文档。如果能合理地使用文档的自动保存功能，就可以减少这方面的损失。设置文档自动保存的时间间隔的具体步骤如下。

❶ 在 Word 文档中，单击【文件】选项卡，在弹出的列表中选择【选项】选项。

❷ 弹出【Word 选项】对话框，选择【保存】选项，在【保存自动恢复信息时间间隔】文本框中输入自动保存的时间，此处设置为"5 分钟"。

技巧 2：使用快捷键插入特殊符号

当我们在使用某一个特殊符号比较频繁的情况下，每次都通过对话框来添加比较麻烦，此时如果在键盘中添加该符号的快捷键，那么用起来就会很方便了。

❶ 打开任意文档，单击【插入】选项卡下【符号】选项组中的【符号】按钮，在弹出的下拉列表中选择【其他符号】选项。

❷ 在弹出的【符号】对话框中选择"◇"选项，单击【快捷键】按钮。

❸ 弹出【自定义键盘】对话框，在【请按新快捷键】中输入"Alt+X"，然后单击【指定】按钮，即可在【当前快捷键】文本框中出现此命令。

❹ 单击【关闭】按钮，返回【符号】对话框，即可看到"◇"符号的快捷键已经添加成功。

第

4

章

高级排版操作

■ **本章视频教学录像：48 分钟**

高手指引

　　本章主要介绍 Word 的页面设置、样式与格式、特殊中文版式、格式刷、分隔符、页眉和页脚以及目录和索引等常用功能，充分展示 Word 在排版方面的强大功能。

重点导读

- ✚ 掌握纸张的页面设置方法
- ✚ 掌握字体和段落设置
- ✚ 掌握内置样式的应用
- ✚ 掌握页眉和页脚的设置
- ✚ 掌握目录的创建和分隔符的使用方法

4.1 页面设置

本节视频教学录像：7分钟

页面设置是指对文档页面布局的设置，主要包括设置文字方向、页边距、纸张大小、分栏等。Word 2013 有默认的页面设置，但默认的页面设置并不一定适合所有用户。用户可以根据需要对页面进行设置。

4.1.1 设置文字方向

在 Word 2013 中输入内容后，默认的文字排列方向是水平的。有时候为了排版上的美观，常常将文档的文字排列方向设置为垂直的。

❶ 打开随书光盘中的"素材 \ch04\ 植物和动物 .docx"，单击【页面布局】选项卡下【页面设置】选项组中的【文字方向】按钮，在弹出的下拉列表中选择【垂直】选项。

❷ 文档中的文本内容将以"垂直"方式显示。

文本以垂直方式显示

提示 单击【页面布局】选项卡下【页面设置】选项组中的【文字方向】按钮，在弹出的下拉列表中选择【文字方向选项（X）】选项，可以弹出【文字方向 - 主文档】对话框，在【文字方向 - 主文档】对话框中各个选项含义如下。

【方向】选项：在该区域可以选择文字显示方向。

【预览】选项：在该区域可以预览设置文字后的显示效果。

【应用于】（Y）：单击【应用于（Y）：】右侧的向下按钮，在弹出的列表中可以选择设置文字方向是应用于整篇文档还是插入点之后。

4.1.2 设置页边距

页边距有两个作用，一是出于装订和美观的需要；二是形成更加美观的文档。设置页边距，包括上、下、左、右边距以及页眉和页脚距页边界的距离，使用这种方法设置页边距十分精确。

❶ 在【页面布局】选项卡【页面设置】选项组中单击【页边距】按钮，在弹出的下拉列表中选择一种页边距样式并单击即可快速设置页边距。

系统推荐页边距

❷ 除此之外，还可以自定义页边距。单击【页面布局】选项卡下【页面设置】组中的【页边距】按钮，在弹出的下拉列表中单击选择【自定义边距（A）】选项。

自定义设置页边距

> **提示**　如果页边距的设置超出了打印机默认的范围，将出现【Microsoft Word】提示框，提示"有一处或多处页边距设在了页面的可打印区域之外，选择'调整'按钮可适当增加页边距。"，单击【调整】按钮自动调整，当然也可以忽略后手动调整。页边距太窄会影响文档的装订，而太宽不仅影响美观还浪费纸张。一般情况下，如果使用 A4 纸，可以采用 Word 提供的默认值，具体设置可根据用户的要求设定。

提示框

❸ 弹出【页面设置】对话框，在【页边距】选项卡下【页边距】区域可以自定义设置"上"、"下"、"左"、"右"页边距，如将"上"、"下"、"左"、"右"页边距均设为"1 厘米"，在【预览】区域可以查看设置后的效果。

4.1.3 设置纸张

　　纸张的大小和纸张方向，也影响着文档的打印效果，因此设置合适的纸张在 Word 文档制作过程中也是非常重要的。设置纸张包括设置纸张的方向和大小，具体操作步骤如下。

❶ 单击【页面布局】选项卡下【页面设置】组中的【纸张方向】按钮，在弹出的下拉列表中可以设置纸张方向为"横向"或"纵向"。如单击【横向】选项。

> **提示**　也可以在【页面设置】对话框中的【页边距】选项卡中，在【纸张方向】区域设置纸张的方向。

❷ 单击【页面布局】选项卡【页面设置】选项组中的【纸张大小】按钮，在弹出的下拉列表中可以选择纸张大小。如单击【A3】选项。

> **提示**　单击【页面布局】选项卡下【页面设置】选项组右下角的按钮，弹出【页面设置】对话框，单击【纸张】选项卡，从中可以精确设置纸张大小和纸张来源等内容。

4.1.4 设置分栏版式

在对文档进行排版时，常需要将文档进行分栏。在 Word 2013 中可以将文档分为两栏、三栏或更多栏，具体方法如下。

1. 使用功能区设置分栏

选择要分栏的文本后，在【页面布局】选项卡下单击【分栏】按钮，在弹出的下拉列表中选择对应的栏数即可。

2. 使用【分栏】对话框

在【页面布局】选项卡下单击【分栏】按钮，在弹出的下拉列表中选择【更多分栏】选项，弹出【分栏】对话框，在该对话框中显示了系统预设的 5 种分栏效果。在【栏数（N）】微调框中输入要分栏的栏数，如输入"5"，然后设置栏宽、分割线后，在【预览】区域预览效果后，单击【确定】按钮即可。

4.2 样式与格式

本节视频教学录像：8 分钟

样式包含字符样式和段落样式，字符样式的设置以单个字符为单位，段落样式的设置是以段落为单位。

4.2.1 查看／显示样式

样式是被命名并保存的特定格式的集合，它规定了文档中正文和段落等的格式。段落样式应用于整个文档，包括字体、行间距、对齐方式、缩进格式、制表位、边框和编号等。字符样式可以应用于任何文字，包括字体、字体大小和修饰等。

使用【应用样式】窗格查看样式的具体操作如下。

❶ 打开随书光盘中的"素材 \ch04\ 动物与植物 .docx"文档，单击【开始】选项卡的【样式】组中的【其他】按钮，在弹出的下拉列表中选择【应用样式】选项。

❷ 弹出【应用样式】窗格。

❸ 将鼠标指针置于文档中的任意位置处，相对应的样式将会在【样式名】下拉列表框中显示出来。

4.2.2 应用样式

样式是特定格式的集合，它规定了文本和段落的格式，并以不同的样式名称标记。通过样式可以简化操作、节约时间，还有助于保持整篇文档的一致性。

1. 快速使用样式

打开随书光盘中的"素材 \ch04\ 动物与植物 .docx"文件，选择要应用样式的文本（或者将鼠标光标定位至要应用样式的段落内），这里将光标定位至第一段段内。单击【开始】选项卡下【样式】组右下角的按钮，从弹出【样式】下拉列表中选择【标题】样式，此时第一段即变为标题样式。

> 📝 **提示** 一般情况下，文本输入后，系统默认为正文样式。

2. 使用样式列表

❶ 选中需要应用样式的文本。

❷ 在【开始】选项卡的【样式】组中单击【样式】按钮，弹出【样式】窗格，在【样式】窗格的列表中单击需要的样式选项即可，如单击【目录 1】选项。

❸ 单击右上角的【关闭】按钮，关闭【样式】窗格，即可将样式应用于文档，效果如图所示。

> 📝 **提示** 用户可以在【样式】窗格中单击选中【显示预览】复选框，让样式列表以应用后的样式显示。

4.2.3 自定义样式

当系统内置的样式不能满足需求时，用户还可以自行创建样式，具体操作步骤如下。

❶ 打开随书光盘中的"素材 \ch04\ 动物与植物 .docx"文件，选中需要应用样式的文本，然后在【开始】选项卡的【样式】组中单击【样式】按钮，弹出【样式】窗格。

❷ 单击【新建样式】按钮，弹出【根据格式设置创建新样式】窗口。

❸ 在【名称】文本框中输入新建样式的名称，在【属性】区域分别在【样式类型】、【样式基准】和【后续段落样式】下拉列表中选择需要的样式类型或样式基准，并在【格式】区域设置字体格式，单击【倾斜】按钮。

❹ 单击左下角的【格式】按钮，在弹出的下拉列表中选择【段落】选项。

❺ 弹出【段落】对话框，在段落对话框中设置"首行缩进，2字符"，单击【确定】按钮。

❻ 返回【根据格式设置创建新样式】对话框，在中间区域浏览效果，单击【确定】按钮。

❼ 在【样式】窗格中可以看到创建的新样式，在文档中显示设置后的效果。

❽ 选择其他要应用该样式的段落，单击【样式】窗格中的【内正文】样式，即可将该样式应用到新选择的段落。

4.2.4 修改样式

当样式不能满足编辑需求时，可以进行修改，具体操作步骤如下。

❶ 在【样式】窗格中单击下方的【管理样式】按钮 ❯ 。

❷ 弹出【管理样式】对话框，在【选择要编辑的样式】列表框中单击需要修改的样式名称，然后单击【修改】按钮。

❸ 弹出【修改样式】对话框，参照自定义样式的步骤❸~❻，分别设置字体、字号、加粗、段间距、对齐方式和缩进量等选项。

❹ 单击【修改样式】对话框中的【确定】按钮，完成样式的修改，最后单击【管理样式】窗口中的【确定】按钮返回，修改后的效果如图所示。

4.2.5 清除格式

当某个样式不再使用时，可以将其删除。具体操作步骤如下。

❶ 在【样式】窗格中单击【管理样式】按钮 ⚏。

❷ 弹出【管理样式】对话框，在【选择要编辑的样式】列表框中单击需要删除的样式名称，单击【删除】按钮即可删除所选的样式，最后单击【确定】按钮返回即可。

4.3 特殊的中文版式

📹 本节视频教学录像：4 分钟

Word 2013 中包含有特殊的中文版式，用户可以根据需要设置。

4.3.1 纵横混排

纵横混排即对文档进行混合排版，纵横混排的操作方法如图所示。

❶ 打开随书光盘中的"素材 \ch04\ 动物与植物 .docx"文档，选中需要垂直排列的文本内容，单击【开始】选项卡下【段落】组中的【中文版式】按钮 ✕，在弹出的下拉列表中选择【纵横混排】选项。

❷ 弹出【纵横混排】对话框，撤销选中【适应行宽】复选框，在【预览】区域可以预览设置后的效果，单击【确定】按钮。

❸ 纵横混排的效果如图所示。

4.3.2　首字下沉

首字下沉是将文档中段首的第一个字符放大数倍，并以下沉的方式显示，以改变文档的版面样式。设置首字下沉效果的具体操作步骤如下。

❶ 在打开的"素材 \ch04\ 动物与植物 .docx"文档中，将鼠标光标定位到任一段的任意位置，单击【插入】选项卡下【文本】选项组中的【首字下沉】按钮 ，在弹出的下拉列表中选择【首字下沉选项】选项。

提示　在将鼠标指针放置在任意文本前列，在下拉列表中选择【下沉】选项，可直接显示下沉效果。

❷ 弹出【首字下沉】对话框。在该对话框中设置首字的【字体】为"隶书"，在【下沉行数】微调框中设置【下沉行数】为"2"，在【距正文】微调框中设置首字与段落正文之间的距离为"0.5 厘米"，单击【确定】按钮。

❸ 即可在文档中显示调整后的首字下沉效果。

4.4 格式刷的使用

本节视频教学录像：2 分钟

格式刷是 Word 2013 中使用频率非常高的一个功能，通过格式刷，可以快速地将当前文本或段落的格式复制到另一文本或段落上，可以大大地减少排版方面的重复操作。使用格式刷的具体步骤如下。

❶ 在打开的"素材 \ch04\ 动物与植物 .docx"文档中，选择已经设置好格式的文本内容，在【开始】选项卡的【剪贴板】组中单击【格式刷】按钮 格式刷 。

❷ 当鼠标指针变为 ◢I 时，单击或者拖曳选择需要应用新格式的文本或段落。

选择文本

❸ 松开鼠标后，选中的文本格式则会被修改。

修改样式后效果

提示 单击一次【格式刷】按钮，仅能使用一次该样式，连续两次单击【格式刷】按钮 ☞ 格式刷 ，就可多次使用该样式。

4.5 使用分隔符

本节视频教学录像：3 分钟

排版文档时，部分内容需要另起一节或另起一页显示，这时就需要在文档中插入分节符或者分页符。分节符用于章节之间的分隔。

4.5.1 插入分页符

分页符用于分隔页面，在【分页符】选项组中又包含有分页符、分栏符和自动换行符。用户可以根据需要选择不同的分页符插入到文档中。下面以插入自动换行符为例，介绍在文档中插入分页符的具体操作步骤。

❶ 打开随书光盘中的"素材 \ch04\ 动物和植物 .docx"文件，移动光标到要换行的位置。单击【页面布局】选项卡下【页面设置】组中的【分隔符】按钮 分隔符▾ ，在弹出的下拉列表中的【分页符】选项组中单击【自动换行符】选项。

单击

❷ 此时文档以新的一段开始，且上一段的段尾会添加一个自动换行符 ↓ 。

自动换行符

提示【分页符】选项组中的各选项功能如下。
分页符：插入该分页符后，标记一页终止并在下一页显示；分栏符：插入该分页符后，分栏符后面的文字将从下一栏开始；自动换行符：插入该分页符后，自动换行符后面的文字将从下一段开始。

4.5.2 插入分节符

为了便于同一文档中不同部分的文本进行不同的格式化操作，可以将文档分隔成多节，节是文档格式化的最大单位。只有在不同的节中才可以设置与前面文本不同的页眉、页脚、页边距、页面方向、文字方向或者分栏等。分节可使文档的编辑排版更灵活，版面更美观。

【分节符】选项组中各选项的功能如下。

下一页：插入该分节符后，Word 将使分节符后的那一节从下一页的顶部开始。

连续：插入该分节符后，文档将在同一页上开始新节。

偶数页：插入该分节符后，将使分节符后的一节从下一个偶数页开始，对于普通的书就是从左手页开始。

奇数页：插入该分节符后，将使分节符后的一节从下一个奇数页开始，对于普通的书就是从右手页开始。

❶ 打开随书光盘中的"素材 \ch04\ 动物和植物 .docx"文件，移动光标到要换行的位置。单击【页面布局】选项卡下【页面设置】组中的【分隔符】按钮，在弹出的下拉列表中的【分节符】选项组中单击【下一页】选项。

❷ 此时在插入分节符后，将在下一页开始新节。

分页后效果

> **提示** 移动光标到分节符标记之后，按【Backspace】键或【Delete】键即可删除分节符标记。

4.6 添加页眉和页脚

本节视频教学录像：7 分钟

Word 2013 提供有丰富的页眉和页脚模板，使用户插入页眉和页脚变得更为快捷。

4.6.1 插入页眉和页脚

页眉和页脚，通常显示文档的附加信息，常用来插入时间、日期、页码、单位名称、微标等。其中，页眉在页面的顶部，页脚在页面的底部，通常页眉也可以添加文档注释等内容。

1. 插入页眉

插入页眉的具体操作步骤如下。

❶ 打开随书光盘中的"素材 \ch04\ 植物和动物 .docx"文件，单击【插入】选项卡【页眉和页脚】组中的【页眉】按钮，弹出【页眉】下拉列表。

② 选择需要的页眉模板，如选择【奥斯汀】选项，Word 2013 会在文档每一页的顶部插入页眉，并显示两个文本域。

③ 在页眉的文本域中输入文档的标题和页眉，单击【关闭页眉和页脚】按钮 。

④ 插入页眉的效果如下图所示。

插入页眉效果

2. 插入页脚

插入页脚的具体操作步骤如下。

① 在【设计】选项卡中单击【页眉和页脚】组中的【页脚】按钮，弹出【页脚】下拉列表，这里选择【怀旧】选项。

② 文档自动跳转至页脚编辑状态，输入页脚内容。

输入内容

③ 返回文档即可看到已经在插入点的位置开始新的一页。

已经开始新的一页

4.6.2 设置页眉和页脚

插入页眉和页脚后，还可以根据需要设置页眉和页脚，具体操作步骤如下。

① 双击插入的页眉，使其处于编辑状态。单击【页眉和页脚工具】▶【设计】选项卡下【页眉和页脚】组中的【页眉】按钮，在弹出的下拉列表中选择【镶边】样式。

② 在【页眉和页脚工具】▶【设计】选项卡下【选项】组中单击选中【奇偶页不同】复选框。

❸ 选中页眉中的文本内容，在【开始】选项卡下设置其【字体】为"华文新魏"，【字号】为"三号"，【字体颜色】为"深红"。

❹ 返回至文档中，按【Esc】键即可退出页眉和页脚的编辑状态，效果如图所示。

4.6.3 设置页码

在文档中插入页码，可以更方便地查找文档。在文档中插入页码的具体操作步骤如下。

❶ 打开随书光盘中的"素材 \ch04\ 植物和动物 .docx"，单击【插入】选项卡下【页眉和页脚】组中的【页码】按钮 页码▾ ，在弹出的【页码】下拉列表中选择【页面底端】▶【带状物】选项。

❷ 即可进入到页眉页脚状态，可以对插入的页码进行修改。

❸ 单击【页眉和页脚工具】▶【设计】选项卡下【页眉和页脚】选项组中的【页码】按钮 页码▾ ，在弹出的下拉列表中选择【设置页码格式】选项。

❹ 弹出【页码格式】对话框，在【编号格式】下拉列表中可以设置页码的格式，并可设置页码中是否包含章节号。

❺ 单击【确定】按钮，即可在文档中插入页码。单击【关闭页眉和页脚】按钮退出页眉和页脚状态。

4.7 创建目录和索引

本节视频教学录像：6分钟

对于长文档来说，查看文档中的内容时，不容易找到需要的文本内容，这时就需要为其创建一个目录，使其方便查找。

4.7.1 创建目录

插入文档的页码并为目录段落设置大纲级别是提取目录的前提条件。设置段落级别并提取目录的具体操作步骤如下。

❶ 打开随书光盘中的"素材\ch04\动物与植物.docx"文档，根据4.6.3小节操作设置页码。将鼠标光标定位在"第一章 植物"段落任意位置，单击【引用】选项卡下【目录】组中的【添加文字】按钮，在弹出的下拉列表中选择【1级】选项。

> 📝 **提示** 在 Word 2013 中设置大纲级别可以在设置大纲级别的文本位置折叠正文或低级级别的文本，还可以在将级别显示在【导航窗格】中便于定位，最重要的是便于提取目录。

❷ 将光标定位在"1.1 红豆"段落任意位置，单击【引用】选项卡下【目录】组中的【添加文字】按钮，在弹出的下拉列表中选择【2级】选项。

❸ 使用【格式刷】快速设置其他标题级别。

❹ 在文档的最前面插入空白页。将光标定位在第1页中，单击【引用】选项卡下【目录】组中的【目录】按钮，在弹出的下拉列表中选择【自定义目录】选项。

提示 单击【目录】按钮 ，在弹出的下拉列表中单击目录样式可快速添加目录至文档中。

❺ 在弹出的【目录】对话框中，在【格式】下拉列表中选择【正式】选项，在【显示级别】微调框中输入或者选择显示级别为"2"，在预览区域可以看到设置后的效果。

❻ 各选项设置完成后单击【确定】按钮，此时就会在指定的位置建立目录。

 提示 提取目录时，Word 会自动将插入的页码显示在标题后。在建立目录后，还可以利用目录快速地查找文档中的内容。将鼠标指针移动到目录中要查看的内容上，按下【Ctrl】键，鼠标指针就会变为 形状，单击鼠标即可跳转到文档中的相应标题处。

 4.7.2 创建索引

通常情况下，索引项中可以包含各章的主题、文档中的标题或子标题、专用术语、缩写和简称、同义词及相关短语等。

❶ 打开随书光盘中的"素材 \ch04\ 动物与植物 .docx"文件，选中需要标记索引项的文本，单击【引用】选项卡【索引】组中的【标记索引项】按钮 。

❸ 单击【关闭】按钮，查看添加索引的效果。

❷ 在弹出的【标记索引项】对话框中设置【主索引项】、【次索引项】和【所属拼音项】等索引信息，设置完成单击【标记】按钮。

 提示 用户还可以单击【标记全部】按钮，对文档内相同的内容添加标记。

4.8 综合实战——制作员工规章制度条例

本节视频教学录像：7 分钟

员工规章制度条例是为深化企业管理，调动员工的积极性，发挥员工的创造性，维护公司的利益和保障员工的合法权益，规范公司全体员工的行为和职业道德所建立的规章制度。每个公司根据其具体情况制定的规章制度也会有所不同。

【案例效果展示】

效果图

【案例涉及知识点】

- ❖ 页面设置
- ❖ 设置样式和段落格式
- ❖ 使用分隔符
- ❖ 添加页眉
- ❖ 设置底纹及边框

【操作步骤】

第 1 步：页面设置

❶ 打开随书光盘中的"素材 \ch04\ 员工规章制度 .docx"，单击【页面布局】选项卡【页面设置】选项组中的【纸张大小】按钮，在弹出的列表中选择【法律专用纸】选项。

❷ 单击【页面设置】选项组中的【页边距】按钮，在弹出的列表中选择【适中】选项。

提示 单击【段落】对话框中【缩进和间距】选项卡下【常规】组中【大纲级别】按钮右侧的下拉按钮，在弹出的下拉列表中也可以设置段落的大纲级别。

第 2 步：设置样式和段落格式

❶ 将光标放置在第一段中，单击【开始】选项卡下【段落】组中的【段落设置】按钮，在弹出的【段落】对话框中设置"段前缩进"、"2字符"，单击【确定】按钮。

❷ 设置的段落格式如图所示，选中第一段文本内容后，双击【开始】选项卡下【剪贴板】选项组中的【格式刷】按钮 。

❸ 移动鼠标可看到鼠标变为" "形状，表示可以使用格式刷。将鼠标移动到其他段落所在的段落前，然后单击鼠标左键，就可以将其他段落应用该样式，使用同样的方法，将其他标题应用新的样式。

❹ 选中标题，在【开始】选项卡下【字体】选项组中设置标题【字体】为"华文新魏"，【字号】为"小二"，加粗并居中显示。

第3步：添加页眉、设置底纹及边框

❶ 单击【插入】选项卡【页眉和页脚】选项组中的【页眉】按钮 页眉，在弹出的列表中选择一种页眉样式，如选择【奥斯汀】，进入页眉可编辑状态，编辑页眉标题，单击【关闭页眉和页脚】按钮 。

❷ 单击【页面背景】选项组中的【页面颜色】按钮，在弹出的列表中选择一种颜色即可为页面添加背景颜色，如选择"金色，着色4，淡色80%"。

❸ 单击【页面背景】选项组中的【页面边框】按钮，弹出【边框和底纹】对话框，在【页面边框】选项卡下选择边框样式，单击【确定】按钮即可应用到当前文档中。

设置边框

❹ 最终效果如图所示，至此，一份简单的员工规章制度条例已制作完成，按【Ctrl+S】组合键保存即可。

效果图

高手私房菜

本节视频教学录像：4 分钟

技巧1：快速清除段落格式

若想去除附加的段落格式，可以使用【Ctrl + Q】组合键。如果对某个使用了正文样式的段落进行了手动调节，如增加了左右的缩进，那么增加的缩进值就属于附加的样式信息。若想去除这类信息，可以将光标置于该段落中，然后按【Ctrl + Q】组合键。如有多个段落需做类似的调整，可以首先选定这多个段落，然后使用上述的组合键即可。

技巧2：修改目录中的字体

如果不满意目录中字体的显示效果，只需要修改目录字体即可，而不需要修改文档中的标题字体。

❶ 在目录页面选择要修改的目录并单击鼠标右键，在弹出的快捷菜单中选择【字体】选项。

单击

❷ 弹出【字体】对话框，在【字号】下拉列表框中选择字号的大小，这里选择【三号】选项；在【中文字体】下拉列表框中选择字体，这里选择【华文中宋】选项，其他选项采用默认设置。

1.设置字体

2.单击

❸ 单击【确定】按钮，即可成功修改所选目录的字体。

更改目录字体

第 **5** 章

文档的美化

本章视频教学录像：55 分钟

高手指引

一篇图文并茂的文档，不仅看起来生动形象、充满活力，还可以使文档更加美观。本章介绍如何设置页面的背景，使用文本，插入与编辑表格，插入图片及形状等内容。

重点导读

- ✚ 掌握文档背景的设置
- ✚ 掌握制作表格的方法
- ✚ 在 Word 中插入图片和 SmartArt 图形
- ✚ 掌握艺术字的设置
- ✚ 掌握超链接

5.1 页面背景

本节视频教学录像：6 分钟

在 Word 2013 中可以通过添加水印来突出文档的重要性或原创性，还可以通过设置页面颜色以及添加页面边框来设置文档的背景，使文档更加美观。

5.1.1 添加水印

水印是一种特殊的背景，可以设置在页面的任何位置。在 Word 2013 中，可将图片、文字等设置为水印。在文档中添加水印的具体操作步骤如下。

❶ 新建 Word 文档，单击【设计】选项卡下【页面背景】选项组中的【水印】按钮 ，在弹出的下拉列表中选择【自定义水印】选项。

❷ 弹出【水印】对话框，单击选中【文字水印】单选项，在【文字】文本框中输入"公司绝密"，并设置其【字体】为"楷体"，在颜色下拉列表中设置水印【颜色】为"红色"，【版式】为"斜式"，然后单击【确定】按钮。

❸ 添加水印的效果如图所示。

添加的水印效果

 提示 用户也使用 Word 中内置的水印样式，不仅方便快捷，而且样式也多。

5.1.2 设置页面颜色

在 Word 2013 中可以改变整个页面的背景颜色，或者对整个页面进行渐变、纹理、图案和图片的填充等。

1. 添加纯色背景

添加纯色背景的具体操作步骤如下。

❶ 新建 Word 文档，单击【设计】选项卡下【页面背景】选项组中的【页面颜色】按钮 ，在下拉列表中选择"蓝色"。

❷ 即可将页面颜色填充为浅蓝色。

纯色填充效果

2. 添加图片背景

添加图片背景的具体操作步骤如下。

❶ 单击【设计】选项卡下【页面背景】选项组中的【页面颜色】按钮，在下拉列表中选择【填充效果】选项，在弹出的【填充效果】对话框中，选择【图片】选项卡，然后单击【选择图片】按钮。

❷ 在弹出的【插入图片】面板中，单击【来自文件】选项。

❸ 弹出【选择图片】对话框，选择需要插入的图片，单击【插入】按钮。

❹ 即可返回【填充效果】对话框，这里可以看到图片的预览效果，单击【确定】按钮。

❺ 最终的图片填充效果如图所示。

图片填充效果

5.1.3 设置页面边框

在 Word 2013 中也可为页面添加边框，具体操作步骤如下。

❶ 新建 Word 文档，单击【设计】选项卡下【页面背景】选项组中的【页面边框】按钮 。

❷ 弹出【边框与底纹】对话框，【设置】选项为【三维】，在【样式】选项组中选择一种线型，设置【颜色】为"蓝色"，【宽度】为"3.0磅"。此外，还可以设置边框的应用范围。

❸ 单击【确定】按钮，设置的边框效果如图所示。

插入边框效果

> **提示** 在【边框和底纹】对话框中，还可以在【艺术型】下拉列表中选择合适的艺术类边框样式。

5.2 使用文本框

本节视频教学录像：4 分钟

在 Word 文档中，可以通过插入文本框、设置首字下沉、首字悬挂以及设置艺术字样式等使文字看起来更加美观。

5.2.1 插入文本框

文本框分为横排和竖排两类，可以根据需要插入相应的文本框。可以直接插入空文本框和在已有的文本上插入文本框。

1. 插入空白文本框

Word 2013 中内置了 35 种文本框样式，常用的文本框样式有空白文本框、简单文本框、奥斯汀提要栏等。在文档中插入空白文本框的具体操作步骤如下。

❶ 新建 Word 文档，单击文档中任意位置，然后单击【插入】选项卡下【文本】选项组中的【文本框】按钮，在弹出的下拉列表中选择【绘制文本框】选项。

❷ 此时鼠标光标变成 ✚ 形状，在画布中单击，然后通过拖动绘制所需大小的文本框。

插入的文本框

提示 单击【插入】选项卡【文本】组中的【文本框】按钮，在弹出的下拉列表中选择【绘制竖排文本框】选项，即可在文档中绘制竖排文本框。

2. 在已有的文本上插入文本框

❶ 打开随书光盘"素材 \ch05\ 销售报告表"文档，选中文档中的文字，单击【插入】选项卡下【文本】选项组中的【文本框】按钮，在弹出的下拉列表中选择【绘制文本框】选项。

单击

❷ 插入文本框后效果如图所示。

插入的文本框

5.2.2 添加艺术字效果

设置文字的艺术效果，是通过更改文字的填充、边框或者添加阴影、映像、发光、三维（3D）旋转或棱台等效果，更改文字的外观。添加艺术字效果的具体操作步骤如下。

❶ 打开随书光盘中的"素材 \ch05\ 公司宣传 .docx"文档，选中需要添加艺术效果的文字。单击【插入】选项卡下【文本】选项组中的【艺术字】按钮，在弹出的下拉列表中选择一种艺术字样式，这里选择"渐变填充 - 水绿色，着色 1，反射"。

单击

❷ 选择艺术字样式后的文字效果如图所示。

设置的艺术字

❸ 单击【格式】选项卡下【艺术字样式】选项组中的【文本效果】按钮，在弹出的下拉列表中选择一种艺术字样式。

④ 更改艺术字样式后效果如图所示。

更改艺术字样式

5.3 插入与编辑表格

本节视频教学录像：16 分钟

表格由多个行或列的单元格组成，用户可以在单元格中添加文字或图片。表格可以使文本结构化，数据清晰化。因此，在编辑文档的过程中，可以使用表格来记录、计算与分析数据。

5.3.1 自动创建表格

在 Word 2013 中，自动创建表格的方法有多种。

1. 创建快速表格

可以利用 Word 2013 提供的内置表格模型来快速创建表格，但提供的表格类型有限，只适用于建立特定格式的表格。

❶ 新建 Word 文档，将鼠标光标定位至需要插入表格的地方，单击【插入】选项卡下【表格】选项组中的【表格】按钮 ，在弹出的下拉菜单中选择【快速表格】选项，然后在弹出的子菜单中选择理想的表格类型。

❷ 创建表格后，将模板中的数据替换为自己的数据即可。

插入的表格样式

2. 使用表格菜单创建表格

使用表格菜单适合创建规则的、行数和列数较少的表格。最多可以创建 8 行 10 列的表格。

❶ 将鼠标光标定位至需要插入表格的地方。单击【插入】选项卡下【表格】选项组中的【表格】按钮 ，在插入表格区域内选择要插入表格的列数和行数，即可在指定的位置插入表格。选中的单元格将以橙色显示，并在名称区域显示【"列数"×"行数"表格】。

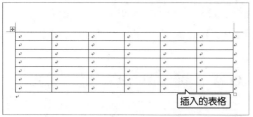

❷ 单击鼠标左键，即可在文档中插入一个 6 列 7 行的表格。

插入的表格

3. 使用【插入表格】对话框创建表格

使用【插入表格】对话框，不受行数和列数的限制，并且可以对表格的宽度进行调整。

❶ 单击【插入】选项卡下【表格】选项组中的【表格】按钮，在其下拉菜单中选择【插入表格】选项。

❷ 弹出【插入表格】对话框，在【表格尺寸】组中设置【列数】为"4"、【行数】为"3"，其他为默认值，然后单击【确定】按钮。

❸ 即可在文档中插入一个 4 列 3 行的表格，如图所示。

插入的表格

5·3·2　手动绘制表格

当用户需要创建不规则的表格时，可以使用表格绘制工具来创建表格。手动绘制表格的具体操作步骤如下。

❶ 单击【插入】选项卡下【表格】选项组中的【表格】按钮，在其下拉菜单中选择【绘制表格】选项。

❷ 当鼠标指针变为铅笔形状 ✐ 时，在需要绘制表格的地方单击并拖曳鼠标绘制出表格的外边界，形状为矩形。

绘制的矩形

❸ 在该矩形中绘制行线、列线或斜线，直至满意为止。按【Esc】键退出表格绘制模式。

绘制的斜线

 提示 单击【表格工具】▶【布局】选项卡下【绘图】选项组中的【擦除】按钮，当鼠标光标变为橡皮擦形状时可擦除多余的线条。

5·3·3 在表格中输入文本

在表格中输入文本的操作与在文档中输入文本类似，在输入文本前应先将鼠标光标放置在表格中输入文本的位置，输入的文本可以是任意长度的，甚至可以使一个单元格中的文本长度超过一页。在一个单元格中输入文本后按【Enter】键即可。在表格中输入文本的具体操作步骤如下。

❶ 在文档中插入一个 3 列 10 行的表格，将鼠标光标定位在表格的第一个单元格。在第一行表格中输入文本"序号、产品、销量/吨"。

输入文本

❷ 输入表格中的其他数据，如下图所示。

输入所有文本

5·3·4 在表格中复制和删除文本

在表格中对单元格、行或列中的内容进行复制和删除操作的方法有多种。例如使用键盘组合键、右键快捷菜单等。

1. 复制单元格中的文本

使用键盘组合键对单元格中的文本进行操作，与处理普通文档中的文本一样，具体操作步骤如下。

❶ 打开随书光盘"素材 \ch05\ 表格操作 .docx"文件，选定需要复制的单元格，按【Ctrl+C】组合键。

选择将要复制的单元格内容

 提示 用户也可以在选中的文本上单击鼠标右键，在弹出的快捷菜单中选择【复制】命令完成对选中文本的复制。

❷ 移动鼠标光标到要粘贴文本的位置，按【Ctrl+V】组合键，被复制的单元格及其文本就会粘贴到指定的位置。

序号	产品	销量/吨
1	白菜	21307
2	海带	15940
3	冬瓜	17979
4	西红柿	25351
5	南瓜	17491
6	黄瓜	18852
7	玉米	21586
8	红豆	15263
	红豆	

复制单元格

2. 删除单元格中的文本

如果用户需要删除多余的文本内容，删除的方法和前面章节中介绍的删除文本的方法一样。这里仅以删除行中的文本为例，介绍删除表格中的行或列中的文本的方法，具体的操作步骤如下。

❶ 选中需要删除的文本。

序号	产品	销量/吨
1	白菜	21307
2	海带	15940
3	冬瓜	17979
4	西红柿	25351
5	南瓜	17491
6	黄瓜	18852
7	玉米	21586
8	红豆	15263

选择将要删除的单元格内容

❷ 按【Delete】键，即可将选中的文本删除。

1	白菜	21307
2	海带	15940
3	冬瓜	17979
4	西红柿	25351
5	南瓜	17491
6	黄瓜	18852
7	玉米	21586
8	红豆	15263

删除的单元格文本

5·3·5　设置文本的对齐方式

可以对选定的单个单元格、多个单元格、列或行中的文本进行左对齐、两端对齐、居中、右对齐和分散对齐等对齐操作。默认情况下，表格文本对齐方式为靠上居左对齐。

下面以设置表格中行文本为居中对齐为例，介绍表格文本对齐方式的设置方法，具体操作步骤如下。

❶ 打开随书光盘中的"素材 \ch05\ 表格操作.docx"文件，选定需要对齐操作的表格的行。

序号	产品	销量/吨
1	白菜	21307
2	海带	15940
3	冬瓜	17979
4	西	25351
5	南	17491
6	黄瓜	18852
7	玉米	21586
8	红豆	15263

选择需要对齐的单元格内容

❷ 单击【开始】选项卡下【段落】选项组中的【居中】按钮 ≡ 。

单击

❸ 此时，可以看到该行单元格中的文本内容已经以水平居中显示。

序号	产品	销量/吨
1	白菜	21307
2	海带	15940
3	冬瓜	
4	西红柿	25351
5	南瓜	17491
6	黄瓜	18852
7	玉米	21586
8	红豆	15263

文本居中对齐

❹ 使用同样的方法设置其他内容居中显示。

序号	产品	销量/吨
1	白菜	21307
2	海带	15940
3	冬瓜	17979
4	西红柿	25351
5	南瓜	17491
6	黄瓜	18852
7	玉米	21586
8	红豆	15263

文本居中对齐

5.3.6 插入/删除行、列、单元格

使用表格时，经常会出现行数、列数或单元格不够用或多余的情况，Word 2013 提供了多种添加或删除行、列及单元格的方法。

1. 插入行或列

下面介绍如何在表格中插入整行或整列。

(1) 指定插入行或列的位置，然后单击【布局】选项卡下【行和列】选项组中的相应插入方式按钮即可。

提示 插入行或列的位置可以是一个单元格，也可以是一行或一列。

各种插入方式的含义如表所示。

插入方式	功能描述
在上方插入	在选中单元格所在行的上方插入一行表格
在下方插入	在选中单元格所在行的下方插入一行表格
在左侧插入	在选中单元格所在列的左侧插入一列表格
在右侧插入	在选中单元格所在列的右侧插入一列表格

(2) 指定插入行或列的位置，直接在插入的单元格中单击鼠标右键，在弹出的快捷菜单中选择【插入】菜单项，在其子菜单中选择插入方式即可。其插入方式与【表格工具】▶【布局】选项卡中的各插入方式一样。

(3) 将鼠标光标定位至想要插入行或列的位置处，此时在表格的行与行（或列与列）之间会出现⊕按钮，单击此按钮即可在该位

置处插入一行（或一列）。

插入的行

2. 删除行或列

删除行或列有以下 3 种方法。

(1) 选择需要删除的行或列，按【Backspace】键，即可删除选定的行或列。

选择删除行或列

提示 在使用该方法时，应选中整行或整列，然后按【Backspace】键方可删除，否则会弹出【删除单元格】对话框，提示删除哪些单元格。

(2) 选择需要删除的行或列，单击【布局】选项卡下【行和列】选项组中的【删除】按钮，在弹出的下拉菜单中选择【删除行】或【删除列】选项即可。

3. 插入单元格

在表格中插入单元格的具体步骤如下。

❶ 选中需要插入单元格的位置。

❷ 单击【布局】选项卡下【行和列】选项组中的【表格插入单元格】按钮 。

❸ 弹出【插入单元格】对话框，在打开的对话框中单击选中【活动单元格右移】单选项，单击【确定】按钮。

> **提示** 选中需要插入单元格的位置，单击鼠标右键，在弹出的快捷菜单中选择【插入单元格】菜单项，也可以弹出【插入单元格】对话框。

❹ 即可在选中的单元格的左侧添加一个单元格，同时选中的单元格右移一列。

4. 删除单元格

删除单元格与删除行或列的操作有所区别，具体操作步骤如下。

❶ 将鼠标光标定位在需要删除的单元格中，单击【布局】选项卡下【行和列】选项组中的【删除】按钮 ，在弹出的下拉列表中选择【删除单元格】选项。

❷ 打开【删除单元格】对话框，单击选中【右侧单元格左移】单选项，单击【确定】按钮。

> **提示** 选择待删除的单元格，单击鼠标右键，在弹出的快捷菜单中选择【删除单元格】选项，也可以弹出【删除单元格】对话框。

❸ 即可将选中的单元格删除，同时该行剩余的单元格左移。

5·3·7 表格的合并与拆分

在 Word 2013 中可以把多个相邻的单元格合并为一个大的单元格，也可以把一个单元格拆分成多个小的单元格，还可以将多个表格合并为一个表格，或者将一个表格拆分为多个表格。

1. 合并单元格

将多个单元格合并为一个单元格的方法有以下 3 种。

（1）选中要合并的单元格，单击【布局】选项卡【合并】组中的【合并单元格】按钮 ⊞合并单元格 ，即可合并选中的单元格。

产品↵	销量/吨↵
白菜↵	21307↵
海带↵	15940↵
冬瓜↵	17979↵
西红柿↵	25351↵
南瓜↵	17491↵
黄瓜↵	18852↵
玉米↵	21586↵

选择要合并的单元格

（2）使用橡皮擦，直接擦除相邻表格之间的边线。

产品↵	销量/吨↵
白菜↵	21307↵
海带↵	15940↵
冬瓜↵	17979↵
西红柿↵	25351↵
南瓜↵	17491↵
黄瓜↵	18852↵
玉米↵	21586↵

使用橡皮擦擦除边线

（3）选中需要合并的单元格，单击鼠标右键，在弹出的快捷菜单中选择【合并单元格】选项。

产品↵	销量/吨↵	
白菜↵	21307↵	✂ 剪切(T)
海带↵	15940↵	📋 复制(C)
冬瓜↵	17979↵	📋 粘贴选项:
西红柿↵	25351↵	
南瓜↵	17491↵	
黄瓜↵	18852↵	汉字重选(V)
玉米↵	21586↵	插入(I)
红豆↵	15263↵	拆除单元格(D)...
		⊞ 合并单元格(M)

单击

2. 拆分单元格

将一个单元格拆分为多个单元格的方法有以下两种。

（1）使用工具栏中的按钮拆分单元格。

❶ 打开随书光盘中的"素材\ch05\表格操作.docx"文件，选中要拆分的单元格，单击【布局】选项卡下【合并】选项组中的【拆分单元格】按钮 ⊞拆分单元格 。

❷ 弹出【拆分单元格】对话框，输入【行数】和【列数】，然后单击【确定】按钮。

输入【行数】和【列数】

❸ 即可将该单元格拆分为两个单元格。

拆分后的单元格

> 📝 **提示** 选择需要拆分的单元格，单击鼠标右键，在弹出的快捷菜单中选择【拆分单元格】选项，也可以弹出【拆分单元格】对话框。

（2）使用绘制表格工具在单元格内绘制直线。如果绘制水平直线的话，将拆分为两行；如果绘制垂直直线的话，将拆分为两列。

绘制垂直直线

3. 拆分表格

当用户需要在表格中间添加一些文本信息时，就需要先将表格拆分为两个，其操作步骤如下。

❶ 打开随书光盘中的"素材 \ch05\ 表格操作 .docx"文件，将鼠标光标移至需要拆分为新表格的第 1 行，单击此行中的任意一个单元格。

选择要拆分为新单元格的位置

❷ 单击【布局】选项卡下【合并】选项组中的【拆分表格】按钮。

合并单元格
拆分单元格
拆分表格
合并　单击

❸ Word 会自动将表格拆分为上下两个表格，并在两个表格中间添加一个空行。

单元格拆分为两个表格

4. 合并表格

合并表格的操作方法比较简单，在上一步中将表格拆分为上下两个表格，并在两个表格中间添加一个空行，使用【Delete】键删除表格之间的行即可将上下相邻的表格合并为一个表格。

添加空行的位置

合并后的单元格

5·3·8　表格与文字的转换

为了使数据的处理与编辑更加方便，Word 2013 提供了表格与文本相互转换的功能。

1. 将表格转换为文本

将表格转换为文本的具体操作步骤如下。

❶ 打开随书光盘中的"素材 \ch05\ 表格操作 .docx"文件，将鼠标光标置于表格中或者选中表格，单击【布局】选项卡下【数据】选项组中的【转换为文本】按钮。

❷ 弹出【表格转换为文本】对话框，单击选中要作为文字分隔符的单选项，这里单击选中【制表符】单选项，单击【确定】按钮。

❸ 即可完成表格转换为文本的操作。

表格转换为文本

2. 将文本转换为表格

为了使数据的处理与编辑更加方便，Word 2013 提供了表格与文本相互转换的功能。我们这里讲解将文本转换为表格的方法。要将文档内已有的文本转换为表格，需要在文本的中间插入制表符，指示将文本分成列的位置，使用段落标记指示要开始新行的位置。每个词组之间使用英文逗号分离，每行之间使用换行符分离。完成之后，用户就可以使用以下方法将文本转换为表格。

❶ 选中需要转换的全部文本。

❷ 弹出【将文字转换成表格】对话框，在【文字分隔位置】组中单击选中【逗号】单选项，其他设置为默认项，单击【确定】按钮。

❸ Word 2013 会自动将文本转换为表格，效果如图所示。

文本转换为表格

5.4 插入图片

📽 本节视频教学录像：6 分钟

在文档中插入一些图片可以使文档更加生动形象，插入的图片可以是一个剪贴画、一张照片或一幅图画。

5.4.1 插入本地图片

在 Word 2013 中，用户可以在文档中插入本地图片，还可以插入联机图片。

❶ 打开随书光盘中的"素材\ch05\公司宣传.docx"文件，将鼠标光标定位于需要插入图片的位置。

❷ 单击【插入】选项卡下【插图】选项组中的【图片】按钮。

❸ 在弹出的【插入图片】对话框中选择需要插入的图片，单击【插入】按钮，即可插入该图片。

❹ 此时将在文档中鼠标光标所在的位置插入所选择的图片。

5.4.2 插入联机图片

在文档中插入联机图片即从各种联机来源中查找和插入图片，在文档中插入联机图片的具体操作步骤如下。

❶ 新建一个 Word 文档，将鼠标光标定位于需要插入图片的位置，单击【插入】选项卡【插图】组中的【联机图片】按钮，弹出【插入图片】窗格，在【必应图像搜索】右侧的搜索框中输入"图书"，单击【搜索】按钮。

❷ 在搜索结果中选择喜欢的剪贴画，单击【插入】按钮。

❸ 即可在文档中插入选择的联机图片，效果如图所示。

5·4·3 图片的编辑

图片在插入到文档中之后，图片的设置不一定符合要求，这时就需要对图片进行适当的调整。

❶ 接 5.4.1 小节，选择图片，单击【图片工具】▶【格式】选项卡下【调整】选项组中的【颜色】按钮，在弹出的下拉列表中选择【冲蚀】样式。

❷ 应用效果如图所示。

应用的【冲蚀】效果

❸ 单击【大小】选项组【裁剪】按钮下方的下拉按钮，在弹出的下拉菜单中选择【裁剪为形状】▶【正五边形】选项，效果如图所示。

应用的【正五边形】效果

❹ 单击【图片样式】选项组右下角的按钮，在弹出的下拉列表中选择【柔化边缘椭圆】选项，效果如图所示。

应用的【柔化边缘椭圆】效果

5·4·4 图片位置的调整

调整图片在文档中位置的方法有两种，一是使用鼠标拖曳移动至目标位置，二是使用【布局】对话框来调整图片位置。使用【布局】对话框调整图片位置的具体操作步骤如下。

❶ 打开随书光盘中的"素材 \ch05\ 公司宣传 2.docx"文档，选中要编辑的图片，单击【格式】选项卡下【排列】选项组中的【位置】按钮，在弹出的下拉列表中选择【其他布局选项】选项。

❷ 弹出【布局】对话框，选择【位置】选项卡，在【水平】选项组中设置图片的水平对齐方式。这里单击选中【对齐方式】单选项，在其下拉列表框中选择【居中】选项。

❸ 选择【文字环绕】选项卡，在【环绕方式】组中选择【四周型】选项，单击【确定】按钮。

❹ 效果如图所示。

应用的【四周型】效果

> **提示**　使用【布局】对话框来调整图片位置的方法对"嵌入型"图片无效。

5.5 使用形状

本节视频教学录像：6分钟

除了可以在文档插入图表、图片之外，还可以在文档中插入形状，增加文档的可读性，使文档更加生动有趣。

1. 绘制基本形状

使用【形状】按钮中的图形选项可以在文档中绘制基本形状，如直线、箭头、方框和椭圆等。在文档中绘制基本形状的方法如下。

❶ 新建一个文档，将鼠标光标移动到要绘制形状的位置，然后单击【插入】选项卡下【插图】选项组中的【形状】按钮，在弹出的下拉列表中选择【基本形状】组中的笑脸图形。

单击

❷ 将鼠标移动到绘图画布区域，鼠标会变为十形状。

鼠标形状

❸ 按下鼠标左键并拖曳鼠标到一定的位置，释放鼠标左键，在绘图画布上就会显示出绘制的笑脸。

拖曳绘制"笑脸"形状

❹ 同样也可以在绘图画布上绘制箭头、矩形和椭圆等形状。

绘制其他形状

2. 调整形状的位置

如果绘制的形状的位置不合适，可以通过移动形状来调整。具体操作步骤如下。

❶ 新建一个文档，并在文档中绘制形状，选中要进行调整的形状。

选择形状

❷ 按下鼠标左键，拖曳鼠标光标到指定的位置后，释放鼠标左键即可。

图形拖曳后位置

> **提示** 在移动的过程中如果按下【Alt】键，则可实现形状位置的微调。

3. 调整形状的大小

如果对绘制的形状大小不满意，可以对形状进行手动调节。具体操作步骤如下。

❶ 新建一个文档，并在文档中绘制形状，选中要进行调整的形状。

选择形状

❷ 单击【格式】选项卡下【大小】选项组中的【大小】按钮，在弹出的【布局】对话框中选择【大小】选项卡，在【高度】和【宽度】选项组中的【绝对值】微调框中可以设置形状的高度和宽度。

设置形状的高度和宽度

❸ 设置完成后单击【确定】按钮，即可调整形状的大小。

调整形状大小后的效果

> **提示** 在【格式】选项卡的【大小】组中的文本框中可以直接输入调整形状大小的数值。

❹ 用户也可以移动鼠标指针到选中形状的右下角的控制点上，鼠标指针会变为形状。按下鼠标左键并拖曳到指定的位置，然后释放鼠标左键即可调整形状的大小。

调整形状大小后的效果

4. 形状的组合

在实际应用中，常常需要对多个形状进行整体操作。下面介绍组合形状的方法，具体操作步骤如下。

❶ 新建一个文档，然后在文档中绘制形状，按下【Ctrl】键或【Shift】键后依次选中文档中的多个形状，每个形状的周围会出现 8 个控制点。

选择形状

❷ 在选中的形状上单击鼠标右键，在弹出的快捷菜单中选择【组合】命令下的【组合】子命令。

单击

❸ 此时在选中形状的最外围出现 8 个控制点，这表明这些形状已经组合成为一个整体。

图形组合后效果

❹ 如果用户需要对其中的某一个形状进行调整，就要先取消组合。取消组合的方法：选中组合的形状，单击鼠标右键，然后在弹出的快捷菜单中选择【组合】命令下的【取消组合】子命令。

单击

5. 为形状添加效果

为了使绘制的形状更加美观，可以通过设置形状效果，给形状填充颜色、绘制边框以及添加阴影和三维效果等。调整形状的颜色并为形状添加棱台效果的具体操作步骤如下。

❶ 新建一个文档，并在文档中绘制形状。单击【格式】选项卡下的【形状样式】选项组中的【形状填充】按钮，在弹出的下拉列表中选择【黄色】选项。

单击

❷ 单击【形状轮廓】按钮，在弹出的下拉列表中选择一种颜色，即可更改形状轮廓的颜色。

单击

❸ 单击【格式】选项卡下【形状样式】选项组中的【形状效果】按钮 🔘 形状效果▾ ，在弹出的下拉列表中选择【棱台】▶【棱台】▶【圆】选项。

❹ 最后设置效果如图所示。

为图形添加效果

5.6 插入 SmartArt 图形

本节视频教学录像：6 分钟

SmartArt 图形是用来表现结构、关系或过程的图表，以非常直观的方式与读者交流信息，它包括图形列表、流程图、关系图和组织结构图等各种图形。

5.6.1 插入 SmartArt 图形

在 Word 2013 中提供了非常丰富的 SmartArt 类型。在文档中插入 SmartArt 图形的具体操作步骤如下。

❶ 新建文档，单击【插入】选项卡的【插图】组中的【SmartArt】按钮，弹出【选择 SmartArt 图形】对话框。

❷ 选择【流程】选项卡，然后选择【流程箭头】选项。

❸ 单击【确定】按钮，即可将图形插入文档中。

插入的流程图

❹ 在 SmartArt 图形的【文本】处单击，输入相应的文字。输入完成后，单击 SmartArt 图形以外的任意位置，完成 SmartArt 图形的编辑。

输入内容

5.6.2 修改 SmartArt 图形

使用默认的图形结构未必能够满足实际的需求，用户可以通过添加形状或更改级别来修改 SmartArt 图形。

1. 添加 SmartArt 形状

当默认的结构不能满足需要时，可以在指定的位置添加形状。具体操作步骤如下。

❶ 新建文档，插入 SmartArt 图形并在 SmartArt 图形上输入文字，选择需要插入形状位置之前的形状。

❷ 单击【设计】选项卡下【创建图形】选项组中【添加形状】按钮 □添加形状 · 右侧的下拉按钮，在弹出的下拉列表中选择【在后面添加形状】选项。

❸ 即可在该形状后添加新形状。

❹ 在新添加的形状中插入文字，然后单击 SmartArt 图形以外的任意位置，完成 SmartArt 图形的编辑。

2. 更改形状的级别

更改形状级别的具体操作步骤如下。

❶ 选择【人事专员】形状，然后单击【设计】选项卡下【创建图形】选项组中的【降级】按钮 → 降级 。

❷ 即可更改了所选形状的级别。

提示 用户也可单击【升级】、【上移】、【下移】按钮来更改 SmartArt 图形的级别。

5.6.3 设置 SmartArt 布局和样式

当用户对默认的布局和样式不满意时，可以重新设置 SmartArt 图形的布局和样式。

1. 更改布局

用户可以调整整个 SmartArt 图形的布局。设置 SmartArt 图形布局的具体操作步骤如下。

❶ 新建文档，插入 SmartArt 图形并在 SmartArt 图形上输入文字。

❷ 选择任一个形状，单击【设计】选项卡下【布局】选项组中的 按钮。在弹出的下拉列表中选择一种布局样式。

❸ 即可更改 SmartArt 图形的布局。

2. 更改样式

❶ 单击【设计】选项卡下【SmartArt 样式】组中的【更改颜色】按钮，在弹出的下拉列表中单击理想的颜色选项即可更改 SmartArt 图形的颜色。

❷ 在【设计】选项卡的【SmartArt 样式】组中的【SmartArt 样式】列表中可以选择需要的外观样式。

5.7 综合实战——制作教学教案

本节视频教学录像：8 分钟

教师在教学过程中离不开制作教学教案，一般的教案内容枯燥、繁琐，在这一节中通过在文档中设置页面背景、插入图片等操作，制作更加精美的教学教案，使阅读者心情愉悦。

【案例效果展示】

【案例涉及知识点】

- 新建与保存工作簿
- 设置页面背景颜色
- 插入图片及艺术字
- 插入 SmartArt 图形

【操作步骤】

第 1 步：新建与保存工作簿

本节主要涉及 Word 的一些基本功能的使用，如创建工作簿和保存工作簿等内容。

➊ 新建一个空白文档，单击【保存】按钮。

➋ 弹出【另存为】界面，选择保存位置【计算机】后，单击【浏览】按钮，在弹出的【另存为】对话框中，输入文件名"教学教案 .docx"，单击【保存】按钮。

第 2 步：设置页面背景颜色

通过对文档背景进行设置，可以使文档更加美观。

➊ 单击【设计】选项卡下【页面背景】选项组中的【页面颜色】按钮，在弹出的下拉列表中选择"灰色"选项。

❷ 即可将文档的背景颜色设置为"灰色"。

设置背景为"灰色"

第 3 步：插入图片及艺术字

❶ 单击【插入】选项卡下【插图】选项组中的【图片】按钮，弹出【插入图片】对话框，在该对话框中选择所需要的图片，单击【插入】按钮。

1. 单击选中

2. 单击

❷ 即可将图片插入到文档中，调整图片的大小后如下图所示。

插入图片

❸ 单击【插入】选项卡下【文本】选项组中的【艺术字】按钮，在弹出的下拉列表中选择一种艺术字样式。

单击

❹ 在"请在此放置你的文字"处输入文字，设置【字号】为"小初"，并调整艺术字的位置。

《背影》教学教案

添加艺术字标题

❺ 在文档中输入文本内容（用户不必全部输入，可打开随书光盘中的"素材\ch05\教学教案.docx"文档，复制粘贴即可）。

《背景》教学教案

输入内容

❻ 将二级标题的字体设置为"华文行楷"，字号设置为"四号"，设置完成后如下图所示。

《背影》教学教案

设置二级标题

第4步：插入SmartArt图形

❶ 将【教学思路】二级标题下的内容删除，单击【插入】选项卡下【插图】选项组中的【SmartArt】按钮 ，弹出【选择SmartArt图形】对话框。

❷ 选择【流程】选项卡，然后选择【基本蛇形流程】选项，单击【确定】按钮。

❸ 即可在文档中插入SmartArt图形，在SmartArt图形上输入文本后如图所示。

❹ 单击【设计】选型卡下【SmartArt样式】选项组中的【更改颜色】按钮 ，在下拉列表中选择一种颜色样式，即可更改SmartArt图形的颜色。

❺ 单击【设计】选型卡下【SmartArt样式】选项组中的【其他】按钮 ，在下拉列表中选择一种样式，这里选择"优雅"。

❻ 最终效果如图所示，至此，教学教案文档已制作完成，按【Ctrl+S】组合键保存即可。

高手私房菜

本节视频教学录像：3 分钟

技巧1：在页首表格上方插入空行

有些 Word 文档，没有输入任何文字而是直接插入了表格，如果用户想要在表格前面输入标题或文字，是很难操作的。下面介绍使用一个小技巧在页首表格上方插入空行，具体的操作步骤如下。

❶ 打开随书光盘中的"素材\ch05\表格操作.docx"文档，将鼠标光标置于任意一个单元格中或选中第一行单元格。

❷ 单击【布局】选项卡下【合并】选项组中的【拆分表格】按钮，即可在第一行单元格上方插入一行空行。

技巧2：导出文档中的图片

如果发现某一篇文档中的图片比较好，希望得到这些图片，具体操作步骤如下。

❶ 在需要保存的图片上单击鼠标右键，在弹出的快捷菜单中选择【另存为图片】选项。

❸ 在保存的文件夹中即可找到保存的图片文件。

❷ 在弹出的【保存文件】对话框中选择保存的路径和文件名，在【保存类型】中选择【JPEG文件交换格式】选项，单击【保存】按钮。

第

6

章

审阅文档

 本章视频教学录像：46 分钟

高手指引

　　使用 Word 编辑文档之后，通过审阅功能，才能递交出专业的文档。本章主要介绍批注、修订、错误处理、定位、查找和替换、域和邮件合并等审阅文档的操作。最后通过结合实战演练内容，充分展示 Word 在审阅文档方面的强大功能。

重点导读

✚ 掌握对文档的错误处理的方法
✚ 掌握自动更正字母大小写的方法
✚ 掌握查找、定位与替换的方法
✚ 掌握批注与修订文档的方法
✚ 掌握使用标签标记位置及域和邮件合并的方法

6.1 批注

本节视频教学录像：6 分钟

批注是文档的审阅者为文档添加的注释、说明、建议、意见等信息。在把文档分发给审阅者前设置文档保护，可以使审阅者只能添加批注而不能对文档正文进行修改，利用批注可以方便工作组的成员之间的交流。

6.1.1 添加批注

批注也是对文档的特殊说明，添加批注的对象可以是文本、表格或图片等文档内的所有内容。批注的文本将以有颜色的括号将批注的内容括起来，背景色也将变为相同的颜色。默认情况下，批注显示在文档页边距外的标记区，批注与被批注的文本使用与批注相同颜色的虚线连接。添加批注的具体操作步骤如下。

❶ 打开随书光盘中的"素材 \ch06\ 批注 .docx"文档，然后单击【审阅】选项卡，在文档中选择要添加批注的文字，然后单击【新建批注】按钮 。

❷ 在后方的批注框中输入批注的内容即可。

 提示　选择要添加批注的文本并单击鼠标右键，在弹出的快捷菜单中选择【新建批注】选项也可以快速添加批注。此外，还可以将【插入批注】按钮添加至快速访问工具栏。

6.1.2 编辑批注

如果对批注的内容不满意，还可以修改批注，修改批注有两种方法。

方法一：

在已经添加了批注的文本内容上单击鼠标右键，在弹出的快捷菜单中选择【编辑批注】命令，批注框将处于可编辑的状态，此时即可修改批注的内容。

 提示　在弹出的快捷菜单中选择【答复批注】命令，可以对批注进行答复，选择【将批注标记为完成】命令，可以将批注以"灰色"显示。

方法二：

直接单击需要修改的批注，即可进入编辑状态，编辑批注。

6.1.3 删除批注

当不需要文档中的批注时，用户可以将其删除，删除批注常用的方法有两种。

1. 使用【删除】按钮

选择要删除的批注，此时【审阅】选项卡下【批注】组的【删除】按钮 处于可用状态，单击该按钮即可将选中的批注删除。此时【删除】按钮又处于不可用状态。

> **提示** 单击【批注】组中的【上一条】按钮 和【下一条】按钮 可快速地找到要删除的批注。

2. 使用快捷菜单命令

在需要删除的批注或批注文本上单击鼠标右键，在弹出的快捷菜单中选择【删除批注】菜单命令也可删除选中的批注。

 ### 6.1.4 删除所有批注

单击【审阅】选项卡下【修订】组中的【删除】按钮 下方的下拉按钮，在弹出的快捷菜单中选择【删除文档中的所有批注】命令，可删除所有的批注。

6.2 修订

本节视频教学录像：4 分钟

修订是显示文档中所做的诸如删除、插入或其他编辑更改的标记。启用修订功能，审阅者的每一次插入、删除或是格式更改都会被标记出来。这样能够让文档作者跟踪多位审阅者对文档所做的修改，并接受或者拒绝这些修订。

 ### 6.2.1 修订文档

修订文档首先需要使文档处于修订的状态。

❶ 打开随书光盘中的"素材 \ch06\ 修订.docx"文档，单击【审阅】选项卡下【修订】组中的【修订】按钮 ，即可使文档处于修订状态。

此后，对文档所做的所有修改将会被记录下来。

6.2.2 接受修订

如果修订的内容是正确的，这时就可以接受修订。将光标放在需要接受修订的内容处，然后单击【审阅】选项卡下【更改】组中的【接受】按钮，即可接受文档中的修订。此时系统将选中下一条修订。

> **提示** 将光标放在需要接受修订的内容处，然后单击鼠标右键，在弹出的快捷菜单中选择【接受修订】命令，也可接受文档中的修订。

6.2.3 接受所有修订

如果所有修订都是正确的，需要全部接受，可以使用【接受所有修订】命令。单击【审阅】选项卡下【更改】组中的【接受】按钮下方的下拉按钮，在弹出的下拉列表中选择【接受所有修订】命令，即可接受所有修订。

6.2.4 拒绝修订

如果要拒绝修订，可以将光标放在需要删除修订的内容处，单击【审阅】选项卡下【更改】组中的【拒绝】按钮下方的下拉按钮，在弹出的下拉列表中选择【拒绝更改】/【拒绝并移到下一条】命令，即可接受修订。此时系统将选中下一条修订。

6.2.5 拒绝所有修订

单击【审阅】选项卡下【更改】组中【拒绝】按钮下方的下拉按钮，在弹出的快捷菜单中选择【拒绝所有修订】命令，即可删除文档中的所有修订。

6.3 对文档的错误处理

本节视频教学录像：9 分钟

Word 2013 提供了强大的错误处理功能，包括检查拼写和语法、自定义拼写和语法检查、自动处理错误和自动更改字母大小写等，使用这些功能，用户可以减少文档中的各类错误。

6.3.1 自动拼写和语法检查

使用拼写和语法检查功能，可以减少文档中的单词拼写错误以及中文语法错误。

1. 开启检查拼写和校对语法

如果无意中输入了错误的文本，开启检查拼写和校对语法功能之后，Word 2013 就会在错误部分下用红色或绿色的波浪线进行标记。

❶ 打开随书光盘中的"素材 \ch06\ 错误处理 .docx"文档，其中包含了几处错误。

 提示　素材中的"返一"应为"翻译"，"Hwo"应为"How"。

❷ 单击【文件】选项卡，在右侧列表中选择【选项】选项，打开【Word 选项】对话框。

❸ 单击【校对】标签，然后在【在 Word 中更正拼写和语法时】组中单击选中【键入时检查拼写】、【键入时标记语法错误】、【经常混淆的单词】和【随拼写检查语法】复选框。

❹ 单击【确定】按钮，在文档中就可以看到在错误位置标示的提示波浪线。

2. 检查拼写和校对语法功能使用

检查出错误后，可以忽略错误或者更正错误。

❶ 在打开的"错误处理 .docx"文档中，单击【审阅】选项卡【校对】组中的【拼写和语法】按钮，可打开【语法】窗格。

❷ 单击【忽略】按钮，下方的绿色波浪线将会消失。

提示 如果错误比较明显，可以直接删除错误的内容，更换为正确的内容，波浪线也可以消失，这里将"返一"更换为"翻译"，即可看到波浪线消失。

❸ 此时，【语法】窗格将变为【拼写检查】窗格，显示下一个拼写错误，在列表框中选择正确的单词，单击【更改】按钮。

提示 在拼写错误的单词上单击鼠标右键，在弹出的快捷菜单顶部会提示拼写正确的单词，选择正确的单词替换错误的单词后，错误单词下方的红色波浪线就会消失。

❹ 将会替换错误的单词。

提示 完成拼写和语法检查后，会出现信息提示对话框，单击【确定】按钮即可。

6.3.2 自动处理错误

使用自动更正功能可以检查和更正错误的输入。例如，输入"hwo"和一个空格，则会自动更正为"how"。如果用户键入"hwo are you"，则自动更正为"how are you"。

❶ 单击【文件】选项卡，然后单击左侧列表中的【选项】按钮，弹出【Word 选项】对话框。

❷ 选中【校对】选项，在自动更正选项组下单击【自动更正选项】按钮。

❸ 弹出【自动更正】对话框，在【自动更正】对话框中可以设置自动更正、数学符号自动更正、键入时自动套用格式、自动套用格式和操作等。

❹ 设置完成后单击【确定】按钮返回【Word选项】对话框，再次单击【确定】按钮返回到文档编辑模式。此时，键入"hwo are you"，则自动更正为"How are you"。

6.4 定位、查找与替换

本节视频教学录像：10 分钟

利用 Word 可以进行定位，例如定位至文档的某一页、某一行等，查找功能可以帮助读者查找到要查找的内容，用户也可以使用替换功能将查找到的文本或文本格式替换为新的文本或文本格式。

6.4.1 定位文档

定位也是一种查找，它可以定位到一个指定位置，如某一行、某一页或某一节等。

❶ 打开随书光盘中的"素材 \ch06\ 定位、查找与替换 .docx"文档，单击【开始】选项卡【编辑】组中的【查找】按钮右侧的下拉按钮，在弹出的下拉菜单中选择【转到】选项。

❷ 弹出【查找和替换】对话框，并自动选择【定位】选项卡。

❸ 在【定位目标】列表框中选择定位方式（这里选择【行】），在右侧【输入行号】文本框中输入行号，如下图所示将定位到第 6 行。

❹ 单击【定位】按钮，即可定位至选择的位置。

6.4.2 查找

查找功能可以帮助用户定位到目标位置以便快速找到想要的信息，查找分为查找和高级查找。

1. 查找

❶ 在打开的"定位、查找与替换.docx"文档中，单击【开始】选项卡下【编辑】组中的【查找】按钮 🔍查找 · 右侧的下拉按钮，在弹出的下拉菜单中选择【查找】命令。

❷ 在文档的左侧打开【导航】任务窗格，在下方的文本框中输入要查找的内容。这里输入"2013"。

❸ 此时在文本框的下方提示"6 个结果"，并且在文档中查找到的内容都会以黄色背景显示。

2. 高级查找

使用【高级查找】命令可以打开【查找和替换】对话框来查找内容。

❶ 单击【开始】选项卡下【编辑】组中的【查找】按钮 🔍查找 · 右侧的下拉按钮，在弹出的下拉菜单中选择【高级查找】命令，弹出【查找和替换】对话框。

❷ 在【查找】选项卡中的【查找内容】文本框中输入要查找的内容，单击【查找下一处】按钮，Word 即可开始查找。如果查找不到，则弹出提示信息对话框，提示未找到搜索项。单击【确定】按钮返回。如果查找到文本，Word 将会定位到文本位置并将查找到的文本背景用灰色显示。

6.4.3 替换

替换功能可以帮助用户快捷地更改查找到的文本或批量修改相同的内容。

❶ 在打开的"定位、查找与替换.docx"文档中，单击【开始】选项卡下【编辑】组中的【替换】按钮 ᵃᵇ꜀替换 ，弹出【查找和替换】对话框。

❷ 在【替换】选项卡中的【查找内容】文本框中输入需要被替换的内容（这里输入"1部"），在【替换为】文本框中输入替换后的新内容（这里输入"一部"）。

❸ 单击【查找下一处】按钮，定位到从当前光标所在位置起，第一个满足查找条件的文本位置，并以灰色背景显示，单击【替换】按钮就可以将查找到的内容替换为新的内容。

❹ 如果用户需要将文档中所有相同的内容都替换掉，单击【全部替换】按钮，Word 就会自动将整个文档内所有查找到的内容替换为新的内容，并弹出相应的提示框显示完成替换的数量。单击【确定】按钮关闭提示框。

6.4.4　查找和替换的高级应用

Word 2013 不仅能根据指定的文本查找和替换，还能根据指定的格式进行查找和替换，以满足复杂的查询条件。将段落标记统一替换为手动换行符的具体操作步骤如下。

❶ 在打开的"定位、查找与替换.docx"文档中，单击【开始】选项卡下【编辑】组中的【替换】按钮，弹出【查找和替换】对话框。

❷ 在【查找和替换】对话框中，单击【更多】按钮，在弹出的【搜索选项】组中可以选择需要查找的条件。将鼠标光标定位在【查找内容】文本框中，在【替换】组中单击【特殊格式】按钮，在弹出的下拉菜单中选择【段落标记】命令。

❸ 将鼠标光标定位在【替换为】文本框中，在【替换】组中单击【特殊格式】按钮，在弹出的下拉菜单中选择【手动换行符】命令。

❹ 单击【全部替换】按钮，即可将文档中的所有段落标记替换为手动换行符。此时，弹出提示框，显示替换总数。单击【确定】按钮即可完成文档的替换。

6.5 域和邮件合并

本节视频教学录像：5 分钟

邮件合并功能是先建立两个文档，即一个包括所有文件共有内容的主文档和一个包括变化信息的数据源，然后使用邮件合并功能在主文档中插入变化的信息。合成后的文件可以保存为 Word 文档打印出来，也可以以邮件形式发出去。

❶ 打开随书光盘中的"素材 \ch06\ 成绩通知单 .docx"文档，单击【邮件】选项卡下【开始邮件合并】组中【开始邮件合并】按钮右下角的下拉按钮，在弹出的列表中选择【普通 Word 文档】选项。

❷ 单击【开始邮件合并】组中【选择收件人】按钮右下角的下拉按钮，在弹出的下拉列表中选择【使用现有列表】选项。

❸ 打开【选取数据源】对话框，选择数据源存放的位置，这里选择随书光盘中的"素材 \ch06\ 成绩单 .docx"文档，单击【打开】按钮。

❹ 将鼠标光标定位至"同学家长："文本前，单击【编写和插入域】选项组中【插入合并域】按钮右下角的下拉按钮，在弹出的下拉列表中选择【姓名】选项。

❺ 即可将姓名域插入到鼠标光标所在的位置。

❻ 使用相同的方法插入各科的成绩。

❼ 插入完成，单击【邮件】选项卡下【完成】组中【完成并合并】按钮下方的下拉按钮，在弹出的下拉列表中选择【编辑单个文档】选项。

❽ 弹出【合并到新文档】对话框，单击选中【全部】单选项，并单击【确定】按钮。

❾ 即可新建名称为"信函 1"的 Word 文档，显示每个学生的成绩，完成成绩通知单的制作。

❿ 每个通知单单独占用一个页面，可以删除相邻通知单之间的分隔符，使其集中显示，节约纸张。

6.6 综合实战——递交准确的年度报告

本节视频教学录像：8 分钟

　　年度报告是整个公司会计年度的财务报告及其他相关文件，也可以是公司一年历程的简单总结，如向公司员工介绍公司一年的经营状况、举办的活动、制度的改革以及企业的文化活动等内容，以激发员工工作热情、增进员工与领导之间的交流、利于公司的良性发展为目的。根据实际情况的不同，每个公司年度报告也不相同，但是对于年度报告的制作者来说，递交的年度报告必须是准确无误的。

【案例效果展示】

【案例涉及知识点】

🔖 设置字体、段落样式

🔖 批注文档

🔖 修订文档

🔖 删除批注

🔖 查找和替换

🔖 接受和拒绝修订

【操作步骤】

第 1 步：设置字体、段落样式

　　本节主要涉及 Word 的一些基本功能的使用，如设置字体、字号、段落等内容。

❶ 打开随书光盘中的"素材 \ch06\ 年度报告 .docx"文档，选择标题文字，设置其【字体】为"华文行楷"，【字号】为"二号"，并设置【居中】显示。

❷ 设置标题段落间距【段后】为"0.5 行"，设置正文段落【首行缩进】为"2 字符"。设置文档中的图表【居中】显示，并根据需要设置其他内容的格式。

第 2 步：批注文档

通过批注文档，可以让作者根据批注内容修改文档。

❶ 选择"完善制度，改善管理"文本，单击【审阅】选项卡【批注】选项组中的【新建批注】按钮。

❷ 在新建的批注中输入"核对管理体系内容是否有误？"文本。

❸ 选择"开展企业文化活动，推动培训机制，稳定员工队伍"文本，新建批注，并添加批注内容"此处格式不正确。"

❹ 根据需要为其他存在错误的地方添加批注，最终结果如下图所示。

第 3 步：修订文档

根据添加的批注，可以对文档进行修订，改正错误的内容。

❶ 单击【审阅】选项卡下【修订】组中的【修订】按钮，使文档处于修订状态。

❷ 根据批注内容"核对管理体系内容是否有误？"，检查输入的管理体系内容，发现错误，则需要改正。这里将其下方第 2 行中的"目标管理"改为"后勤管理"。删除"目标"2 个字符并输入"后勤"。

❸ 将鼠标光标定位在"举办多次促销活动"文本内，单击【开始】选项卡下【剪贴板】组中的【格式刷】按钮，复制其格式。

❹ 选择"开展企业文化活动，推动培训机制，稳定员工队伍"文本，将复制的格式应用到选择的文本，完成字体格式的修订。使用相同的方法根据批注内容修改其他内容。

修改结果

第 4 步：删除批注

根据批注的内容修改完文档之后，就可以将批注删除。

❶ 单击【审阅】选项卡【批注】选项组中【删除】按钮 下方的下拉按钮，在弹出的列表中选择【删除文档中的所有批注】选项。

1. 单击　　　　　2. 单击

❷ 即可将文档中的所有批注删除。

删除所有批注后效果

第 5 步：查找和替换

一些需要统一替换的词或内容可以利用Word 2013 的查找和替换功能完成。

❶ 单击【开始】选项卡【编辑】选项组中的【替换】按钮，弹出【查找和替换】对话框。在【查找内容】文本框中输入"企业"，在【替换为】文本框中输入"公司"，单击【全部替换】按钮，即可完成文本内容的替换。

1. 输入查找内容
2. 输入替换为内容
3. 单击

❷ 弹出信息提示框显示替换结果，单击【确定】按钮。

单击

❸ 此时，可以看到替换的文本都以修订的形式显示。

替换后效果

第 6 步：接受或拒绝修订

根据修订的内容检查文档，如修订的内容无误，则可以接受全部修订。

❶ 单击【审阅】选项卡【更改】选项组中【接受】按钮 下方的下拉按钮，在弹出的下拉列表中选择【接受所有修订】选项。

单击

❷ 即可接受对文档所做的所有修订，并再次单击【修订】按钮 ，结束修订状态，最终结果如图所示。

最终效果

至此，就制作完成了一份准确的年度报告，用户就可以递交年度报告了。

高手私房菜

本节视频教学录像：4 分钟

技巧 1：在审阅窗格中显示修订或批注

当审阅修订和批注时，可以接受或拒绝每一项更改。在接受或拒绝文档中的所有修订和批注之前，即使是你发送或显示的文档中的隐藏更改，审阅者也能够看到。

❶ 单击【审阅】选项卡的【修订】组中的【审阅窗格】按钮 右侧的下拉按钮，在弹出的下拉列表中选择【水平审阅窗格】选项。

❷ 即可打开【修订】水平审阅窗格，显示文档中的所有修订和批注。

技巧 2：合并批注

可以将不同作者的修订或批注组合到一个文档中，具体操作步骤如下。

❶ 单击【审阅】选项卡的【比较】组中的【比较】按钮，在弹出的下拉列表中选择【合并】选项。

❷ 弹出【合并文档】对话框，单击【原文档】后的 按钮。

❸ 弹出【打开】对话框，选择原文档，这里选择"素材\ch06\批注.docx"文件，单击【确定】按钮。

❹ 返回至【合并文档】对话框，即可看到添加的原文件。使用同样的方法选择"修订的文档"，这里选择"素材\ch06\批注.docx"文件，在【合并文档】对话框中单击【确定】按钮。

❺ 即可新建一个文档，并将原文档和修订的文档合并在一起显示。

第3篇
Excel 2013 篇

第**7**章　基本表格制作

美化工作表　第**8**章

第**9**章　图形和图表

第**10**章　公式与函数

数据的分析与管理　第**11**章

第**12**章　数据透视表与数据透视图

第

7

章

基本表格制作

本章视频教学录像：41 分钟

高手指引

　　Excel 2013 是微软公司推出的 Office 2013 办公系列软件的一个重要组成部分，主要用于电子表格的处理，可以高效地完成各种表格的设计，进行复杂的数据计算和分析，大大提高了数据处理的效率。

重点导读

+ 掌握创建工作簿的方法
+ 掌握工作表的基本操作
+ 掌握单元格的基本操作
+ 掌握数据的输入和编辑

7.1 Excel 2013 的相关设置

本节视频教学录像: 3 分钟

Excel 2013 打开之后，系统默认只有一个工作表，在需要时可以添加多个工作表，也可以设置打开 Excel 2013 之后，默认为多个工作表，具体方法如下。

❶ 打开 Excel 2013 应用程序，单击【文件】▶【选项】，弹出【Excel 选项】对话框。

❷ 在左侧选择【常规】选项，在【常规】选项界面中的【新建工作簿时】区域，在【包含的工作表数】后面的微调框中输入"5"。

❸ 单击【确定】按钮，返回 Excel 工作簿中，单击【文件】选项卡。

❹ 单击【新建】选项，在【新建】选项界面，单击【空白工作簿】，创建一个空白工作簿。

❺ 新创建的工作簿如图所示，在工作簿下方显示有 5 个工作表。

7.2 工作簿的基本操作

本节视频教学录像: 7 分钟

工作簿是指在 Excel 中用来存储并处理工作数据的文件，在 Excel 2013 中，其扩展名是 .xlsx。通常所说的 Excel 文件指的就是工作簿文件。

7.2.1 创建空白工作簿

使用 Excel 工作，要创建一个工作簿。创建空白工作簿的方法有以下几种。

1. 启动自动创建

❶ 启动 Excel 2013 后，在打开的界面单击右侧的【空白工作簿】选项。

❷ 系统会自动创建一个名称为"工作簿 1"的工作簿。

2. 使用【文件】选项卡

如果已经启动了 Excel，还可以利用【文件】选项卡进行创建。

❶ 单击【文件】选项卡，在弹出的下拉菜单中选择【新建】菜单项。在右侧【新建】区域单击【空白工作簿】。

❷ 即可创建一个空白工作簿。

3. 使用快速访问工具栏

单击快速访问工具栏中【新建】按钮也可快速创建空白工作簿，具体操作步骤如下。

❶ 单击【快速访问工具栏】右侧的下拉按钮，在弹出的下拉菜单中选择【新建】菜单项。

❷ 将【新建】按钮固定显示在【快速访问工具栏】中，然后单击【新建】按钮 □，即可创建一个空白工作簿。

4. 使用快捷键

在打开的工作簿中，按【Ctrl + N】组合键即可新建一个空白工作簿。

7.2.2　使用模板创建工作簿

Excel 2013 提供有很多工作簿模板，使用模板可以快速地创建工作簿。

❶ 选择【文件】选项卡，在弹出的下拉菜单中选择【新建】菜单项，在右侧的【新建】区域单击需要的工作簿模板，如单击【学校体育预算】模板。

❸ 系统将自动生成学校体育预算工作簿，且工作簿中已经设置好了格式和内容。

提示　在【搜索联机模板】文本框中输入需要的模板类别，单击【搜索】按钮 ⌕ 可快速搜索模板。

❷ 弹出【学校体育预算】提示框，单击【创建】按钮。

7.2.3　工作簿的移动和复制

移动工作簿是指将工作簿从一个位置移动到另一个位置；复制工作簿是指在保留原工作簿的基础上，在指定的位置上建立源文件的复制。

1. 工作簿的移动

❶ 选择要移动的工作簿文件，如果要移动多个，则可在按住【Ctrl】键的同时单击要移动的工作簿文件。按【Ctrl+X】组合键剪切选择的工作簿文件，Excel 会自动地将选择的工作簿移动到剪贴板中。

❷ 打开要移动到的目标文件夹，按【Ctrl+V】组合键粘贴文档，将剪贴板中的工作簿移动到当前的文件夹中。

2. 工作簿的复制

❶ 单击选择要移动的工作簿文件，如果要移动多个，则可在按住【Ctrl】键的同时单击要移动的工作簿文件。

❷ 按【Ctrl+C】组合键，复制选择的工作簿文件，打开要复制到的目标文件夹，按【Ctrl+V】组合键粘贴文档，将剪贴板中的工作簿复制到当前的文件夹中。

7.2.4 设置工作簿的属性

工作簿的属性包括大小、作者、创建日期、修改日期、标题、备注等信息，有些信息是由系统自动生成的，如大小、创建日期、修改日期等，有些信息是可以修改的，如作者、标题等。

❶ 选择【文件】选项卡，在弹出的列表中选择【信息】选项，窗口右侧就是此文档的信息，包括基本属性、相关日期、相关人员等，单击【显示所有属性】。

❷ 即可显示更多的属性，在【属性】列表下，对应的选项后填写相应的属性，如图所示。

> **提示** 在【标题】后方的文本框中单击，然后输入标题名称即可修改标题。在【作者】右侧的作者名称处右击，在弹出的快捷菜单中选择【编辑属性】菜单项。弹出【编辑人员】对话框，在【输入姓名或电子邮件地址】文本框中输入作者名称，单击【确定】按钮，即可完成作者设置。其他属性设置方法相同，这里不再赘述。

7.3 Excel 工作表的基本操作

🎬 本节视频教学录像：8 分钟

创建新的工作簿时，Excel 2013 默认只有 1 个工作表。本节介绍工作表的基本操作。

7.3.1 创建工作表

如果编辑 Excel 表格时需要使用更多的工作表，则可插入新的工作表。插入工作表的具体步骤如下。

❶ 在 Excel 2013 文档窗口中单击【开始】选项卡下【单元格】组中【插入】按钮右侧的下拉按钮 ⌄，在弹出的下拉列表中选择【插入工作表】选项。

❷ 即可插入"Sheet2"工作表，如图所示。

也可以使用快捷菜单插入工作表。

❶ 在 Sheet1 工作表标签上单击鼠标右键，在弹出的快捷菜单中选择【插入】菜单项。

❷ 弹出【插入】对话框，选择【工作表】图标。

❸ 单击【确定】按钮，即可在当前工作表的前面插入新工作表。

📝 **提示** 单击工作表名称后面的【新建】按钮 ⊕，可快速添加工作表。

 7.3.2 选择工作表

在操作 Excel 表格之前必须先选择它。

1. 用鼠标选定工作表

用鼠标选定 Excel 表格是最常用、最快速的方法，只需在 Excel 表格最下方的工作表标签上单击即可。

2. 选定连续的工作表

❶ 在 Excel 表格下方的第 1 个工作表标签上单击，选定该 Excel 工作表。

❷ 按住【Shift】键的同时选定最后一个表格的标签，即可选定连续的 Excel 表格。

3. 选择不连续的工作表

要选定不连续的 Excel 表格，按住【Ctrl】键的同时选择相应的 Excel 表格即可。

7·3·3 工作表的移动和复制

移动与复制工作表的具体操作步骤如下。

1. 移动工作表

可以将工作表移动到同一个工作簿的指定位置，也可以移动到不同工作簿的指定位置。

(1) 在同一工作簿内移动

❶ 在要移动的工作表标签上单击鼠标右键，在弹出的快捷菜单中选择【移动或复制】菜单项。

❷ 在弹出的【移动或复制工作表】对话框中选择要插入的位置。

❸ 单击【确定】按钮，即可将当前工作表移动到指定的位置。

提示 选择要移动的工作表的标签，按住鼠标左键不放，拖曳鼠标，可看到随鼠标指针移动有一个黑色倒三角。移动黑色倒三角到目标位置，释放鼠标左键，工作表即可被移动到新的位置。

(2) 在不同工作簿内移动

不但可以在同一个 Excel 工作簿中移动工作表，还可以在不同的工作簿中移动。若要在不同的工作簿中移动工作表，则要求这些工作簿必须是打开的，具体操作步骤如下。

❶ 在要移动的工作表标签上右击，在弹出的快捷菜单中选择【移动或复制】选项。

❷ 弹出【移动或复制工作表】对话框，在【将选定工作表移至工作簿】下拉列表中选择要移动的目标位置，在【下列选定工作表之前】列表框中选择要插入的位置。

❸ 单击【确定】按钮，即可将当前工作表移动到指定的位置。

2. 复制工作表

用户可以在一个或多个 Excel 工作簿中复制工作表。

❶ 选择要复制的工作表，在工作表标签上右击，在弹出的快捷菜单中选择【移动或复制】菜单项。

❷ 在弹出的【移动或复制工作表】对话框中选择要复制的目标工作簿和插入的位置，然后选中【建立副本】复选框。

❸ 单击【确定】按钮，即可将当前工作表移动到指定的位置。

 提示　选择要复制的工作表，按住【Ctrl】键的同时单击该工作表并拖曳鼠标至移动工作表的新位置，黑色倒三角会随鼠标指针移动，释放鼠标左键，工作表即被复制到新的位置。

7·3·4　重命名工作表

工作表默认名称为"Sheet1"、"Sheet2"……用户也可以将其修改为自己需要的名称。

❶ 选择要重命名的工作表，在工作表标签上右击，在弹出的快捷菜单中选择【重命名】菜单项。

❷ 此时，工作表【Sheet1】名称处于可编辑状态，将名称删除，重新输入名称即可。

 提示　双击工作表标签，也可以使工作表标签处于编辑状态，输入名称后，按【Enter】键即可。

7·3·5　删除工作表

为了便于对 Excel 表格进行管理，对无用的 Excel 表格可以删除。

❶ 选择要删除的工作表，单击【开始】选项卡【单元格】选项组中的【删除】按钮，右侧的下拉按钮，在弹出的下拉菜单中选择【删除工作表】菜单项。

❷ 删除后的效果如图所示。

提示 在要删除的工作表的标签上右击，在弹出的快捷菜单中选择【删除】菜单项，也可以将工作表删除。选择【删除】菜单项，工作表即被永久删除，该命令的效果不能被撤消。

 7·3·6 设置工作表标签颜色

Excel 系统提供有设置工作表标签颜色功能，用户可以根据需要对标签的颜色进行设置，以便于区分不同的工作表。

❶ 选择要设置颜色的工作表标签"Sheet1"。

❷ 在【开始】选项卡中，单击【单元格】选项组中的【格式】按钮，在弹出的下拉菜单中选择【工作表标签颜色】菜单项，在其子菜单中选择一种颜色即可。

提示 右键单击工作表标签，在弹出的快捷菜单中选择【工作表标签颜色】选项，也可以设置颜色类型。

 7·3·7 显示和隐藏工作表

可以把暂时不需要编辑或查看的工作表隐藏起来，使用时再取消隐藏。

1. 隐藏 Excel 表格

❶ 打开随书光盘中的"素材 \ch07\ 职工通讯录 .xlsx"文件，选择要隐藏的工作表标签（如"通讯录"）并单击鼠标右键，在弹出的快捷菜单中选择【隐藏】菜单项。

❷ 当前所选工作表即被隐藏起来。

最终效果

2. 显示工作表

❶ 在任意一个工作表标签上单击鼠标右键，在弹出的快捷菜单中选择【取消隐藏】菜单项。

单击

❷ 弹出【取消隐藏】对话框，选择要恢复隐藏的工作表名称。

选择隐藏的工作表

❸ 单击【确定】按钮，隐藏的工作表即被显示出来。

6	1020603	张红	女	办公室
7	1020604	王建	男	销售部
8	1020605	周丽丽	女	销售部
9	1020606	李华华	男	销售部
10	1020607	董琳琳	女	销售部
11	1020608			销售部

最终效果

> **提示**　单击【开始】选项卡下【单元格】组中的【格式】按钮，在弹出的下拉列表中选择【可见性】➤【隐藏与取消隐藏】➤【取消隐藏工作表】命令，也可以显示工作表。

7.4 单元格的基本操作

本节视频教学录像：9 分钟

创建新的工作簿时，Excel 2013 默认只有 1 个工作表。本节介绍工作表的基本操作。

7.4.1 选择单元格

要对单元格进行编辑操作，必须先选择单元格或单元格区域。启动 Excel 并创建新的工作簿时，单元格 A1 处于自动选定状态。

1. 选择一个单元格

单元格处于选定状态后，单元格边框线会变成黑粗线，此单元格为当前单元格。当前单元格的地址显示在名称框中，内容显示在当前单元格和编辑栏中。

编辑内容

单元格地址

❶ 在工作表格区内，鼠标指针会呈白色 ✛ 形状。

❷ 单击单元格即被选定，变为活动单元格，其边框以其他颜色粗线标识，如图为绿色粗线标识。

> **提示** 在名称框中输入目标单元格的地址，如"B7"，按【Enter】键即可选定第 B 列和第 7 行交汇处的单元格。此外，使用键盘上的上、下、左、右 4 个方向键，也可以选定单元格。

2. 选择连续的区域

在 Excel 工作表中，若要对多个单元格进行相同的操作，可以先选择单元格区域。

❶ 单击该区域左上角的单元格 A2，按住【Shift】键的同时单击该区域右下角的单元格 D6。

❷ 此时即可选定单元格区域 A2:D6，结果如图所示。

选择连续的区域

> **提示** 将鼠标指针移到该区域左上角的单元格 A2 上，按住鼠标左键不放，向该区域右下角的单元格 D6 拖曳，或在名称框中输入单元格区域名称"A2:D6"，按【Enter】键，均可选定单元格区域 A2:D6。

3. 选择不连续的区域

选择不连续的单元格区域也就是选择不相邻的单元格或单元格区域，具体的操作步骤如下。

❶ 选择第 1 个单元格区域（例如单元格区域 A2:C3）后。按住【Ctrl】键不放，拖动鼠标选择第 2 个单元格区域（例如单元格区域 C6:E8）。

选择不连续的区域

❷ 使用同样的方法可以选择多个不连续的单元格区域。

选择不连续的区域

7.4.2 单元格的合并和拆分

合并与拆分单元格是最常用的调整单元格的方法。

1. 合并单元格

合并单元格是指在 Excel 工作表中，将两个或多个选定的相邻单元格合并成一个单元格。方法有以下两种。

❶ 打开随书光盘中的"素材 \ch07\ 职工通讯录 .xlsx"文件，选择单元格区域 A1:G1。

❷ 在【开始】选项卡中，单击【对齐方式】选项组中 图标右边的下拉箭头，在弹出的下拉菜单中选择【合并后居中】菜单项。

❸ 该表格标题行即合并且居中。

📝 **提示** 单元格合并后，将使用原始区域左上角的单元格的地址来表示合并后的单元格地址。

2. 拆分合并后的单元格

在 Excel 工作表中，还可以将合并后的单元格拆分成多个单元格。

❶ 选择合并后的单元格。

❷ 在【开始】选项卡中，单击【对齐方式】选项组中【合并和居中】的下拉按钮，在弹出的菜单中选择【取消单元格合并】菜单项。

❸ 该表格标题行标题即被取消合并，恢复成合并前的单元格。

📝 **提示** 在合并后的单元格上单击鼠标右键，在弹出的快捷菜单中选择【设置单元格格式】选项，弹出【设置单元格格式】对话框，在【对齐】选项卡下撤选【合并单元格】复选框，然后单击【确定】按钮，也可拆分合并后的单元格。

7·4·3 调整列宽和行高

在 Excel 工作表中，如果单元格的宽度或者高度不足会导致使数据显示不完整，这时就需要调整列宽和行高。

1. 调整列宽

数据在单元格里会以科学计数法表示或被填充成"######"的形式。当列被加宽后，数据就会显示出来，具体方法如下。

(1) 拖动列标之间的边框

将鼠标指针移动到两列的列标之间，当指针变成✛形状时，按住鼠标左键向左拖动可以使列变窄，向右拖动则可使列变宽。拖动时将显示出以点和像素为单位的宽度工具提示。

(2) 精确调整列宽

❶ 打开随书光盘中的"素材 \ch07\ 职工通讯录 .xlsx"文件，同时选择 B 列和 C 列。

❷ 在列标上单击鼠标右键，在弹出的快捷菜单中选择【列宽】菜单项。

❸ 弹出【列宽】对话框，在【列宽】文本框中输入"7"，然后单击【确定】按钮。

❹ B 列和 C 列即被调整为宽度均为"7"的列。

2. 调整行高

在输入数据时，Excel 能根据输入字体的大小自动地调整行的高度，使其能容纳行中最大的字体。用户也可以根据自己的需要来设置行高。

调整行高可使用选项组，也可手工操作，具体操作步骤如下。

❶ 选择需要调整高度的第 3 行、第 4 行和第 5 行。

② 在选择的行上右击，在弹出的快捷菜单中选择【行高】菜单项。

③ 在弹出的【行高】对话框的【行高】文本框中输入"25"，然后单击【确定】按钮。

④ 可以看到第 3 行、第 4 行和第 5 行的行高均被设置为"25"了。

7·4·4 清除单元格的操作

在单元格中输入数据时，还可以清除单元格中的格式操作、文本操作或超链接等，具体操作步骤如下。

① 如图所示，选中需要清除操作的单元格。

② 单击【开始】选项卡下【编辑】组中的【清除】按钮，在弹出的下拉列表中选择【清除格式】选项。

③ 如图所示，单元格中所设置的格式操作被清除。由之前的"方正楷体简体"，字号为"20"的字体格式转换为系统默认的"宋体"字体，字号为"11"的格式，如图所示。

提示　在弹出的下拉列表中，选择相应的选项即可删除相应的操作，如选择【清除内容】选项，可将单元格中的数据删除，选择【全部删除】选项，可将单元格中的所有操作删除。

7.5 数据的输入和编辑

本节视频教学录像：8分钟

Excel 允许在使用时根据需要在单元格中输入文本、数值、日期、时间以及计算公式等，在输入前应先了解各种类型的表格信息和输入格式。

 7.5.1 在单元格中输入数据

在单元格中输入数据，某些输入的数据 Excel 会自动地根据数据的特征进行处理并显示出来。本小节介绍 Excel 如何自动地处理这些数据以及输入的技巧。

单元格中的文本包括汉字、英文字母、数字和符号等。例如在单元格中输入"5个小孩"，Excel 会将它显示为文本形式；若将"5"和"小孩"分别输入到不同的单元格中，Excel 则会把"小孩"作为文本处理，而将"5"作为数值处理。

要在单元格中输入文本，应先选择该单元格，输入文本后按【Enter】键，Excel 会自动识别文本类型，并将文本对齐方式默认设置为"左对齐"。

如果单元格列宽容纳不下文本字符串，则可占用相邻的单元格，若相邻的单元格中已有数据，就截断显示。

> **提示** 被截断不显示的部分仍然存在，只需改变列宽即可显示出来。

如果在单元格中输入的是多行数据，在换行处按【Alt+Enter】组合键，可以实现换行。换行后在一个单元格中将显示多行文本，行的高度也会自动增大。

 7.5.2 删除数据

选择输入错误或者希望删除数据，然后按【Backspace】或【Delete】键即可将其删除，除此之外，还可以使用【清除】按钮清除数据。

❶ 选择要删除数据的单元格。

❷ 单击【开始】选项卡下【编辑】组中的【清除】按钮 ✎· 右侧的下拉按钮，在弹出的下拉列表中选择【清除内容】选项，即可清除选择的数据。

❸ 删除后的效果如图所示。

提示 【全部清除】选项：清除所选单元格的全部内容，包括内容、格式和注释等。

【清除格式】选项：仅清除应用于所选单元格的格式。

【清除内容】选项：仅清除所选单元格的内容。

【清除批注】选项：清除附加到所选单元格的注释。

【清除超链接】选项：清除所选单元格中的超链接。

7·5·3 修改数据

当数据输入错误时，左键单击需要修改数据的单元格，然后输入要修改的数据，则该单元格将自动更改数据。

❶ 右键单击需要修改数据的单元格，在弹出的快捷菜单中选择【清除数据】选项。

❷ 数据清除之后，在原单元格中重新输入数据即可。

提示 选中单元格，单击键盘上的【Backspace】键可快速将数据清除，或者选择要修改数据的单元格，直接输入数据，也可以对数据进行修改。

7·5·4 编辑数据

如果输入的数据格式不正确，也可以对数据进行编辑。一般是对单元格或单元格区域中的数据格式进行修改。

❶ 右键单击需要编辑数据的单元格，在弹出的快捷菜单中单击【设置单元格格式】选项。

❷ 弹出【设置单元格】对话框，在左侧【分类】区域选择需要的格式，在右侧设置相应的格式。如单击【分类】区域的【数值】选项，在右侧设置小数位数为"0"位，然后单击【确定】按钮。

❸ 编辑后的格式如图所示。

 提示 选中要修改的单元格或单元格区域，按键盘上的快捷键【Ctrl+1】，同样可以调出【设置单元格格式】对话框，在对话框中可以进行数据格式的设置。

7·5·5 填充数据

利用Excel的自动填充功能，可以方便快捷地输入有规律的数据。有规律的数据是指等差、等比、系统预定义的数据填充序列和用户自定义的序列。

选中某个单元格，其右下角的黑色的小方块即为填充柄。

当鼠标指针指向填充柄时，会变成黑色的加号。

使用填充柄可以在表格中输入相同的数据，相当于复制数据。具体的操作步骤如下。

❶ 选定 A1 单元格，输入"地球"。

❷ 将鼠标指针指向该单元格右下角的填充柄，然后拖曳鼠标至 A6 单元格，结果如图所示。

使用填充柄还可以填充序列数据，例如等差或等比序列。首先选取序列的第 1 个单元格并输入数据，再在序列的第 2 个单元格中输入数据，之后利用填充柄填充，前两个单元格内容的差就是步长。下面举例说明。

❶ 分别在 A1 和 A2 单元格中输入"20130801"和"20130802"。

输入数据

❷ 选中 A1、A2 单元格，将鼠标指针指向该单元格右下角的填充柄。

选中数据

❸ 待鼠标指针变为 ✛ 时，拖曳鼠标至 A6 单元格，即可完成等差序列的填充，如图所示。

最终效果

提示　对序列"星期一、星期二、星期三……"和序列"一月、二月、三月……"等进行自动填充的方法是输入第 1 个单元格内容，然后选定该单元格，使用填充柄填充。

对序列"一月、三月、五月……"和序列"8:30、9:00、9:30……"等进行自动填充，可输入第 1 个和第 2 个单元格内容，然后选定两个单元格，使用填充柄填充。

填充效果

7.5.6　长文本自动换行

设置长文本自动换行可以将比较长的文本在一个单元格内显示，设置自动换行的具体操作步骤如下。

❶ 在单元格 A1 中输入文本"保护环境，人人有责。"，然后右键单击 A1 单元格，在弹出的快捷菜单中选择【设置单元格格式】选项。

输入数据

❷ 弹出【设置单元格格式】对话框，在【对齐】选项卡下【文本控制】区域内，单击选中【自动换行】复选框，然后单击【确定】按钮。

单击选中

❸ 最终效果如图所示。

最终效果

125

7.6 综合实战——制作家庭账本

📽 本节视频教学录像：3分钟

家庭账本的作用，可以掌握个人及家庭的收支情况，合理规划消费和投资，培养良好的消费习惯，记录生活以及社会变化，同时还起到了备忘录的作用，制作家庭账本的方法有很多，家庭账本的种类也很多。

【案例效果展示】

最终效果

【案例涉及知识点】

❏ 合并单元格并使用填充柄
❏ 设置单元格格式和对齐方式

【操作步骤】

第1步：合并单元格及使用填充柄

❶ 打开随书光盘中的"素材\ch07\家庭账本.xlsx"文件，在A1单元格中输入"2013年8月份家庭月度开支"。

❷ 选择单元格区域A1:F2，并单击【开始】选项卡下【对齐方式】组中的【合并并居中】按钮。

❸ 在工作区中输入相应的数据，使用填充柄快速填充"收入日期"和"支出日期"。如图所示。

填充日期

第 2 步：设置单元格格式和对齐方式

❶ 选择单元格区域 B5:B7，单击鼠标右键，在弹出的快捷菜单中选择【设置单元格格式】选项。

❷ 弹出【设置单元格格式】对话框，在【数字】选项卡下的【分类】区域中选择【货币】选项，并设置小数位数为"2"，单击【确定】按钮。

❸ 单击【开始】选项卡下【对齐方式】组中的【右对齐】按钮 ≡ ，设置的结果如图所示。

❹ 使用同样的方法，设置其他"金额"单元格，最终效果如图所示。

高手私房菜

本节视频教学录像：3 分钟

技巧 1：修复损坏的工作簿

如果工作簿损坏了不能打开，可以使用 Excel 2013 自带的修复功能修复。具体的操作步骤如下。

❶ 启动 Excel 2013，选择【文件】选项卡，在列表中选择【打开】选项。

❷ 弹出【打开】对话框，从中选择要打开的工作簿文件，单击【打开】按钮右侧的下拉箭头，在弹出的下拉菜单中选择【打开并修复】菜单项。

❸ 弹出如图所示的对话框，单击【修复】按钮，Excel 将修复工作簿并打开；如果修复不能完成，则可单击【提取数据】按钮，只将工作簿中的数据提取出来。

技巧 2：设置启动 Excel 2013 时，自动打开某文件夹中所有工作簿

在工作中，有时为了节约时间，可以设置 Excel 2013 在启动时，自动打开某文件夹下所有工作簿，具体操作步骤如下。

❶ 启动 Excel 软件，单击【文件】▶【选项】选项命令，弹出【Excel 选项】对话框。

❷ 在左侧选择【高级】选项，在右侧【常规】区域【启动时打开此目录中的所有文件】右侧的文本框中输入要打开文件的保存路径，如图所示。

❸ 单击【确定】按钮，关闭 Excel 2013 软件，再次启动，则自动打开所输入路径下的所有文件。

美化工作表

本章视频教学录像：24 分钟

高手指引

工作表的美化是表格制作的一项重要内容，通过对表格格式的设置，可以使表格的框线、底纹以不同的形式表现出来；同时还可以设置表格的文本样式等，使表格层次分明、结构清晰、重点突出显示。Excel 2013 为工作表的美化设置提供了方便的操作方法和多项功能。

重点导读

+ 掌握工作表中字体的设置方法
+ 掌握单元格的设置方法
+ 掌握引用单元格样式

8.1 设置单元格

本节视频教学录像：7分钟

设置单元格包括设置数字格式、对齐方式以及边框和底纹等，设置单元格的格式不会改变数据的值，只影响数据的显示及打印效果。

8.1.1 设置数字格式

在 Excel 2013 中，用数字表示的内容很多，例如小数、货币、百分比和时间等。在单元格中改变数值的小数位数、为数值添加货币符号的具体操作步骤如下。

❶ 打开随书光盘中的"素材 \ch08\ 设置数字格式 .xlsx"文件，选择单元格区域 B4:E16。

❷ 在【开始】选项卡中单击【数字】选项组中的【减少小数位数】按钮。如图所示，可以看到选中区域的数值减少一位小数，并进行了四舍五入操作。

❸ 单击【数字】选项组中的【会计数字格式】按钮右侧的下拉按钮，在弹出的下拉列表中选择【¥ 中文】选项。

❹ 单元格区域的数字格式被自动应用为【会计专用】格式，数字添加了货币符号，效果如图所示。

8.1.2 设置对齐方式

对齐方式是指单元格中的数据显示在单元格中上、下、左、右的相对位置，主要有顶端对齐、垂直居中、底端对齐、左对齐、居中和右对齐。默认情况下，单元格中的文本都是左对齐，数值是右对齐。设置数据对齐方式的具体操作步骤如下。

❶ 打开随书光盘中的"素材 \ch08\ 设置数字格式 .xlsx"文件，选择单元格区域 A1:E2。

❷ 单击【对齐方式】选项组中的【合并后居中】按钮右侧的下拉箭头，在弹出的列表中选择【合并后居中】选项。

❸ 单元格区域合并为一个单元格，且标题居中显示。

❹ 选择单元格区域 A1:E16，单击【对齐方式】选项组中的【垂直居中】按钮和【居中】按钮，最后效果如图所示。

 8.1.3 设置边框和底纹

在 Excel 2013 中，单元格四周的灰色网格线默认是不能被打印出来的。为了使表格更加规范、美观，可以为表格设置边框和底纹。

1. 设置边框

设置边框的具体步骤如下。

❶ 选中要添加边框的单元格区域 A1:E16。

❷ 单击【开始】选项卡下【数字】选项组右下角的按钮，弹出【设置单元格格式】对话框。

❸ 选择【边框】选项卡，在【线条样式】列表框中选择一种样式，然后在【颜色】下拉列表中选择"蓝色，着色 5，深色 50%"，在【预置】区域单击【外边框】选项，如图所示。

131

④ 单击【确定】按钮，被选中的单元格区域就添加了外边框。

添加边框后

2. 为单元格设置底纹

为了使工作表中某些数据或单元格区域更加醒目，可以为这些单元格或单元格区域设置底纹。具体的操作步骤如下。

❶ 选择要添加背景的单元格区域 B4:E15。

选中单元格区域

❷ 单击【开始】选项卡下【数字】选项组右下角的按钮 ，在弹出的【设置单元格格式】对话框中选择【填充】选项卡。

单击

❸ 单击【填充效果】按钮，在弹出的【填充效果】对话框中设置背景颜色的渐变效果。在【颜色】区域，颜色 1 设置为"蓝色，着色 1，淡色 80%"，颜色 2 设置为"蓝色，着色 1，淡色 40%"；在【底纹样式】区域，单击选中【角部辐射】单选项，然后单击【确定】按钮。

单击

❹ 返回【设置单元格格式】对话框，单击【确定】按钮，工作表的背景就变成指定的底纹样式了，如图所示。

最终效果

8.2 快速套用表格样式

本节视频教学录像：4 分钟

Excel 2013 提供自动套用格式功能，可以从众多预设好的表格格式中选择一种样式，快速地套用到一个工作表。自动套用表格格式的具体步骤如下。

❶ 打开随书光盘中的"素材 \ch08\ 设置表格样式 .xlsx"文件，在"主叫通话记录"表中选择要套用格式的单元格区域 A4:G18。

选中单元格区域

❷ 在【开始】选项卡中，选择【样式】选项组中的【套用表格格式】按钮 ，在弹出的下拉菜单中选择【浅色】菜单项中的一种。

单击

❸ 将会弹出【套用表格式】对话框，单击【确定】按钮，即可套用该浅色样式。

单击

❹ 最终效果如图所示。

最终效果

❺ 在此样式中单击任意一个单元格，功能区就会出现【表格工具】➤【设计】选项卡，单击【表格样式】组中的任一样式，即可更改样式。

单击

> **提示** 也可单击【表格样式】组右侧的下拉按钮，在弹出的列表中选择【清除】选项，即可删除表格样式。

❻ 在单元格中单击鼠标右键，在弹出的快捷菜单中选择【表格】➤【转换为区域】选项，弹出【Microsoft Excel】提示框，单击【是】按钮，即可将表格转换为普通区域，效果如图所示。

设置单元格区域

133

8.3 设置单元格样式

本节视频教学录像：4 分钟

单元格样式是一组已定义的格式特征，如字体、字号、数字格式、单元格边框和单元格底纹等。Excel 2013 中内置单元格样式可以帮助用户快速改变文本样式、标题样式、背景样式和数字样式等。本节以"广告预算分配方案"为例来具体介绍一下单元格样式的快速设置，具体的操作步骤如下。

❶ 打开随书光盘中的"素材 \ch08\ 设置单元格样式 .xlsx"文件，选择要套用格式的单元格区域 A1:E15。

❷ 单击【开始】选项卡下【样式】选项组中【单元格样式】按钮 单元格样式▾ 右侧的下拉按钮，在弹出的下拉列表中选择【数据和模型】中的【输入】选项。

❸ 设置单元格文本样式后的效果如图所示。

❹ 选择要套用格式的单元格区域 B5:C15 和单元格区域 E5:E15，单击【单元格样式】按钮 单元格样式▾ 右侧的下拉按钮，在弹出的列表中选择【好、差和适中】中的【适中】选项。

❺ 设置单元格背景样式后的效果如图所示。

❻ 选择标题单元格，单击【单元格样式】按钮 单元格样式▾ 右侧的下拉按钮，在弹出的列表中选择【标题】中的【标题 1】选项。

❼ 设置标题样式后的效果如图所示。

❽ 选择单元格区域 B6:E15。单击【单元格样式】按钮 ▦单元格样式▾ 右侧的下拉按钮，在弹出的下拉列表中选择【数字格式】中的【货币[0]】选项。

❾ 最终效果如图所示。

8.4 综合实战——美化物资采购表

本节视频教学录像：6 分钟

物资采购表是根据公司实际需求制定的采购计划表，需公司相关领导批准签字才能生效，是公司物资采购的主要依据和凭证，应认真制作。准确地编制企业物资采购表，对于加强物资管理，保证企业所需，促进物资节约，降低产品成本，加速资金周转，都有着重要的作用。

【案例效果展示】

【案例涉及知识点】

❖ 设置单元格样式

❖ 快速套用表格样式

【操作步骤】

第 1 步：设置数字格式

❶ 打开随书光盘中的"素材 \ch08\ 制作物资采购表 .xlsx"文件，选择单元格区域 C7:F15，在【开始】选项卡中，单击【数字】选项组中的【增加小数位数】按钮，效果如图所示。

❷ 选择 I 列，单击鼠标右键，在弹出的快捷菜单中选择【设置单元格格式】菜单项，弹出【设置单元格格式】对话框，在【数字】选项卡中选择【日期】选项，在右侧的【类型】列表中选择一种类型。

❸ 单击【确定】按钮，即可将日期类型应用于 I 列，效果如图所示。

第 2 步：套用表格样式

❶ 选择单元格区域 A3:K15，在【开始】选项卡中，单击【样式】选项组中的【套用表格格式】按钮 套用表格格式· 右侧的下拉按钮，在弹出的列表中选择【中等深浅】中的一种。

❷ 弹出【套用表格式】对话框，单击选中【表包含标题】复选框。

❸ 单击【确定】按钮，即可添加样式，同时在表格中调整列宽和行高。

第 3 步：设置单元格样式

❶ 选择标题区域，单击【样式】选项组中的【单元格样式】按钮 单元格样式· 右侧的下拉按钮，在弹出的列表中选择【标题】中的【标题 1】选项。

即可改变标题的样式。

❹ 最终效果如图所示。

❸ 选择数据区域 B7:F15，单击【样式】选项组中的【单元格样式】按钮右侧的下拉按钮，在弹出的列表中选择【数字格式】➤【货币】选项和【主题单元格样式】➤【40%，着色4】选项，即可改变单元格中数字的样式。

高手私房菜

本节视频教学录像：3 分钟

技巧 1：自定义单元格样式

如果内置的快速单元格样式都不适合，可以自定义单元格样式。

❶ 在【开始】选项卡中，单击【样式】选项组中的【单元格样式】按钮右侧的下拉按钮，在弹出的列表选择【新建单元格样式】选项。

❸ 单击【格式】按钮，在【设置单元格格式】对话框中设置数字、字体、边框、填充等样式。

❷ 弹出【样式】对话框，输入样式名称。

❹ 单击【确定】按钮，新建的样式即可出现
在【单元格样式】下拉列表中。

技巧2：自定义快速表格格式

自定义快速表格格式和自定义快速单元格样式类似，具体的操作步骤如下。

❶ 在【开始】选项卡中，单击【样式】选项
组中的【套用表格格式】按钮 套用表格格式 ▾ ，在弹
出的下拉列表中选择【新建表样式】选项，弹
出【新建表快速样式】对话框。

> 📝 **提示** 单击【格式】按钮，弹出【设置单元格
> 格式】对话框，在该对话框中可设置新格式的
> 字体、边框和填充。

❷ 在对话框中进行设置后单击【确定】按钮，
即可将此样式显示在【套用表格格式】下拉列
表中。

第

9

章

图形和图表

本章视频教学录像：48 分钟

高手指引

使用图表不仅能使数据的统计结果更直观、更形象，而且能够清晰地反映数据的变化规律和发展趋势。通过本章的学习，让用户对图表的类型、图表的组成、图表的操作以及图形操作等能够熟练掌握并能灵活运用。

重点导读

+ 掌握图表的特点及使用分析
+ 掌握创建图表的方法
+ 掌握图表的基本操作
+ 掌握迷你图的创建
+ 掌握使用插图的方法

9.1 图表的特点及使用分析

本节视频教学录像：4分钟

图表可以非常直观地反映工作表与数据之间的关系，可以方便地对比与分析数据。用图表表示数据，可以使结果更加清晰、直观和易懂，为使用数据提供了方便。

1. 图表的特点

(1) 直观形象

利用下图的图表可以非常直观地显示每位同学两个学期的成绩进步情况。

(2) 种类丰富

Excel 2013 提供了 10 种内部图表类型，每种图表类型又有很多子类型，还可以自己定义图表。用户可以根据实际情况选择原有的图表类型或者自定义图表。

(3) 双向联动

在图表上可以增加数据源，使图表和表格相互结合，从而更直观地表达丰富的含义。

(4) 二维坐标

一般情况下，图表有两个用于对数据进行分类和度量的坐标轴，即分类（X）轴和数值（Y）轴。在 X、Y 轴上可以添加标题，从而更明确图表所表示的含义。

2. 图表的使用分析

Excel 2013 中提供了 11 种不同类型的图表，每种图表类型都有与之匹配的应用范围，下面介绍以下几种比较常用的图表的应用范围。

(1) 柱形图

柱形图是最普通的图表类型之一。柱形图把每个数据显示为一个垂直柱体，高度与数值相对应，值的刻度显示在垂直轴线的左侧。创建柱形图时可以设定多个数据系列，每个数据系列以不同的颜色表示。

(2) 折线图

折线图通常用来描绘连续的数据，对于标识数据趋势很有用。折线图的分类轴显示相等的间隔。

折线图图表

(3) 饼图

饼图是把一个圆面划分为若干个扇面，每个扇形面代表一项数据值。饼图一般显示的数据系列适合表示数据系列中每一项占该系列总值的百分比。

饼图图表

(4) 条形图

条形图类似于柱形图，实际上是顺时针旋转 90° 的柱形图，主要强调各个数据项之间的差别情况。使用条形图的优点是分类标签更便于阅读。

条形图图表

(5) 面积图

面积图是将一系列数据用线段连接起来，每条线以下的区域用不同的颜色填充。面积图强调幅度随时间的变化，通过显示所绘数据的总和，说明部分和整体的关系。

面积图图表

(6) xy 散点图

xy 散点图用于比较几个数据系列中的数值，或者将两组数值显示为 xy 坐标系中的系列。xy 散点图通常用来显示两个变量之间的关系。

xy 散点图图表

(7) 股价图

股价图用来描绘股票的价格走势，对于显示股票市场信息很有用。这类图表需要 3~5 个数据系列。

股价图图表

(8) 曲面图

曲面图是在曲面上显示两个或更多的数据系列。曲面中的颜色和图案用来指示在同一取值范围内的区域。数值轴的主要单位刻度决定使用的颜色数，每个颜色对应一个主要单位刻度。

曲面图图表

(9) 雷达图

雷达图对于每个分类都有一个单独的轴线，轴线从图表的中心向外伸展，并且每个数据点的值均被绘制在相应的轴线上。

⑩ 组合图

组合图可以设置多个图表组合而成，在一个图表中可以看到各种效果。

9.2 创建图表

本节视频教学录像：4 分钟

Excel 2013 可以创建嵌入式图表和图表工作表，嵌入式图表就是与工作表数据在一起或者与其他嵌入式图表在一起的图表，而工作表图表是特定的工作表，只包含单独的图表。

9.2.1 使用快捷键创建图表

按【Alt+F1】组合键可以创建嵌入式图表，按【F11】键可以创建工作表图表。使用快捷键创建工作表图表的具体操作步骤如下。

❶ 打开随书光盘中的"素材 \ch09\ 支出明细表 .xlsx"文件，选择 A2:E9 单元格区域。

选择单元格区域

❷ 按【F11】键，即可插入一个名为"Chart1"的工作图表。

创建图表 Chart1

9.2.2 使用功能区创建图表

Excel 2013 功能区中包含了大部分常用的命令，使用功能区也可以方便地创建图表。

❶ 打开随书光盘中的"素材 \ch09\ 学校支出明细表 .xlsx"文件，选择 A2:E9 单元格区域。

选择单元格区域

❷ 在【插入】选项卡下的【图表】选项组中，单击【柱形图】按钮 ▮▮▾，在弹出的下拉列表框中选择【二维柱形图】中的【簇状柱形图】选项。

❸ 即可在该工作表中生成一个柱形图表，效果如图所示。

9.2.3 使用图表向导创建图表

Excel 2013 功能区中包含了大部分常用的命令，使用功能区也可以方便地创建图表。

❶ 打开随书光盘中的"素材 \ch09\ 学校支出明细表 .xlsx"文件，选择 A2:E9 单元格区域。在【插入】选项卡中单击【图表】选项组右下角的 ▫ 按钮，弹出【插入图表】对话框。

❷ 在【所有图表】列表中单击【柱形图】选项，选择右侧的【簇状柱形图】中的一种，单击【确定】按钮，效果如图所示。

9.3 图表的构成元素

本节视频教学录像：3 分钟

图表主要由图表区、绘图区、图表标题、数据标签、坐标轴、图例、数据表和三维背景等部分组成。

143

1. 图表区

整个图表以及图表中的数据称为图表区。在图表区中，当鼠标指针停留在图表元素上方时，Excel 会显示元素的名称，以方便用户查找图表元素。

2. 绘图区

绘图区主要显示数据表中的数据，数据随着工作表中数据的更新而更新。

3. 图表标题

创建图表完成后，图表中会自动创建标题文本框位置，只需在文本框中输入标题即可。

4. 数据标签

图表中绘制的相关数据点的数据来自数据的行和列。如果要快速标识图表中的数据，可以为图表的数据添加数据标签，在数据标签中可以显示系列名称、类别名称和百分比。

5. 坐标轴

默认情况下，Excel 会自动确定图表坐标轴中图表的刻度值，也可以自定义刻度，以满足使用需要。当在图表中绘制的数值涵盖范围大时，可以将垂直坐标轴改为对数刻度。

6. 图例

图例用方框表示，用于标识图表中的数据系列所指定的颜色或图案。创建图表后，图例以默认的颜色来显示图表中的数据系列。

7. 数据表

数据表是反映图表中源数据的表格，默认的图表一般都不显示数据表。单击【图表工具】▶【设计】选项卡下【图表布局】组中的【添加图表元素】按钮，在弹出的下拉列表中选择【数据表】选项，在其子菜单中选择相应的选项即可显示数据表。

8. 背景

背景主要用于衬托图表，可以使图表更加美观。

9.4 图表的操作

📽 本节视频教学录像：11 分钟

图表操作包括编辑图表、美化图表及显示与隐藏图表等。

9.4.1 编辑图表

创建完图表之后，如果对创建的图表不是很满意，可以对图表进行编辑和修改。

1. 更改图表类型

如果创建图表时选择的图表类型不能直观地表达工作表中的数据，则可以更改图表的类型，具体操作步骤如下。

❶ 选择图表，在【设计】选项卡下【类型】选项组中单击【更改图标类型】按钮 ，弹出【更改图表类型】对话框。

② 在【所有图表】选项卡下，选择【柱形图】中的【三维百分比堆积柱形图】选项。

③ 此时可看到表格中的折线图已换为柱形图，效果如下图所示。

2. 添加图表元素

为创建的图表添加标题的具体操作步骤如下。

❶ 接上面操作，选择图表，单击【设计】选项卡下【图标布局】选项组中的【添加图表元素】按钮。在弹出的下拉列表中选择【图表标题】下一级菜单中的【表格上方】选项。

② 在图表上方的【图表标题】文本框中输入"支出明细表"，并设置字体大小，效果如下图所示。

③ 选择图表，单击【设计】选项卡下【图表布局】选项组中的【添加图表元素】按钮。在弹出的下拉列表中选择【数据表】子菜单中的【显示图例项标示】选项。

④ 即可在图表中已添加数据表，效果如下图所示。

145

9.4.2 美化图表

美化图表不仅可以使图表看起来更美观，还可以突出显示图表中的数据，具体操作步骤如下。

❶ 选择 9.4.1 小节编辑后的图表，在【设计】选项卡下的【图表样式】选项组中选择需要的图表样式，即可更改图表的显示外观。

❷ 单击【格式】选项卡下【形状样式】选项组右下角的按钮，打开【设置图标格式】窗格，在【填充线条】选项卡下的【填充】组下根据需要自定义设置图表的填充样式。

❸ 设置完成，即可看到设置后的图表效果。

❹ 选择图表中的标题文字。

❺ 在【格式】选项卡中，单击【艺术字样式】选项组中的按钮，在弹出的艺术字样式下拉列表中选择需要设置的样式。

❻ 设置后的效果如下图所示。

9.5 迷你图的基本操作

📹 本节视频教学录像：5 分钟

迷你图是一种小型图表，可放在工作表内的单个单元格中。由于其尺寸已经过压缩，因此，迷你图能够以简明且非常直观的方式显示大量数据集所反映出的图案。使用迷你图可以显示一系列数值的趋势，如季节性增长或降低、经济周期或突出显示最大值和最小值。将迷你图放在它所表示的数据附近时会产生最大的效果。若要创建迷你图，必须先选择要分析的数据区域，然后选择要放置迷你图的位置。

 ## 9.5.1 创建迷你图的优点及条件

迷你图不是对象，而是单元格背景中的一个微型图表。

1. 迷你图优点

(1) 通过在数据旁边插入迷你图可通过清晰简明的图形表示方法显示相邻数据的趋势，而且迷你图只需占用少量空间。

(2) 可以快速查看迷你图与其基本数据之间的关系，而且当数据发生更改时，可以立即在迷你图中看到相应的变化。

(3) 通过在包含迷你图的相邻单元格上使用填充柄，为以后添加的数据行创建迷你图。

(4) 在打印包含迷你图的工作表时将会打印迷你图。

2. 创建迷你图条件

(1) 只有在 Excel 2010 及 Excel 2013 中创建的数据表才能创建迷你图，低版本 Excel 文档创建的数据表即使使用 Excel 2013 版本软件打开也无法创建迷你图。

(2) 创建迷你图必须使用一行或一列作为数据源，但可以同时为多行或多列数据创建一组迷你图。

 ## 9.5.2 创建迷你图的方法

创建迷你图时可以为一行或一列创建迷你图，还可以创建一组迷你图。

1. 为一行一列创建迷你图

(1) 选择要创建迷你图的一行或一列。

(2) 单击【插入】选项卡下【迷你图】组中的图表按钮。

(3) 在打开的【创建迷你图】对话框中选择所需的数据以及放置迷你图的位置，单击【确定】按钮即可。

2. 创建一组迷你图

(1) 使用插入法创建。在【创建迷你图】对话框中选择所需的数据区域以及放置迷你图的位置区域，单击【确定】按钮。

(2) 使用填充法创建。为一行或一列创建迷你图后，使用数据填充的方法填充其他单元格区域。

(3) 使用组合法创建。按住【Ctrl】键的同时，选择要组合的迷你图单元格或单元格区域，单击【设计】选项卡下【分组】组中的【组合】按钮 。

9·5·3 插入迷你图

迷你图是绘制在单元格中的一个微型图表，用迷你图可以直观地反映数据系列的变化趋势。创建迷你图的具体操作步骤如下。

❶ 打开随书光盘中的"素材\ch09\月销量对比图.xlsx"文件。

❷ 单击 F4 单元格，在【插入】选项卡下【迷你图】选项组中单击【折线图】按钮，弹出【创建迷你图】对话框。

❸ 单击【数据范围】文本框右侧的圖按钮，选择 B4:E4 区域，单击圖按钮返回，可以看到 B4:E4 数据源已添加到【数据范围】中。

❹ 单击【确定】按钮，即可在 F4 单元格中创建折线迷你图，使用同样的方法创建其他迷你图，效果如下图所示。

	A	B	C	D	E	F	G
1		月销量对比图					迷你图效果
2	月份	商品（单位：件）					
3		洗衣机	电冰箱	空调	彩电	电动车	
4	二月	100	120	100	200	80	
5	三月	65	210	130	220	76	
6	四月	80	200	150	180	68	
7	五月	90	180	110	190	70	

9.6 使用插图

📽 本节视频教学录像：8分钟

在工作表中插入图片，可以使工作表更加生动形象。这些图片可以在磁盘上，也可以在网络驱动器上，甚至在 Internet 上。

9·6·1 插入图片

在 Excel 中插入图片的具体操作步骤如下。

❶ 打开 Excel 工作表，单击【插入】选项卡下【插图】选项组中的【图片】按钮。

❷ 在弹出的【插入图片】对话框中选择图片存放的位置并选择要插入的图片。

❸ 单击【插入】按钮，即可将选择的图片插入到工作表中。

插入的图片

❹ 选择插入的图片，功能区会出现【图片工具】▶【格式】选项，在此选项卡下可以编辑插入的图片。

编辑图片

9.6.2 插入联机图片

插入联机图片的具体操作步骤如下。

❶ 打开 Excel 工作表，单击【插入】选项卡下【插图】选项组中的【联机图片】按钮。

单击

❷ 弹出【插入图片】对话框，在【Office 剪贴画】文本框中输入"生日"，单击【搜索】按钮🔍。

输入文本

插入图片

Office.com 剪贴画
免版税的照片和插图
生日

必应 Bing 图像搜索
搜索 Web
搜索必应 Bing

梁晓 的 SkyDrive
l990390@outlook.com
浏览 ▶

❸ 即可显示搜索结果，选择要插入工作表的联机图片。

选择图片

❹ 单击【插入】按钮，即可将选择的图片插入到工作表中。

插入的图片

9.6.3 插入形状

除了插入图片和联机图片外，在 Excel 表格中还可以插入系统自带的形状，具体操作步骤如下。

❶ 打开 Excel 工作表，单击【插入】选项卡下【插图】选项组中的【形状】按钮。

❷ 在弹出的下拉列表中选择要绘制的形状，这里选择"笑脸"形状。

❸ 在工作表中选择要绘制形状的起始位置，按住鼠标左键并拖曳鼠标至合适位置，松开鼠标左键，即可完成形状的绘制。

绘制笑脸图形

❹ 选择形状，单击【绘图工具】➤【格式】选项卡，在此选项卡下可以设置绘制的形状。

编辑形状

9.7 使用 SmartArt 图形

📽 本节视频教学录像：6 分钟

SmartArt 图形是数据信息的艺术表示形式，可以在多种不同的布局中创建 SmartArt 图形。SmartArt 图形用于向文本和数据添加颜色、形状和强调效果。在 Excel 2010 中创建 SmartArt 图形非常方便，比如创建某公司组织结构图，只需单击鼠标即可。

9.7.1 创建组织结构图

在创建 SmartArt 图形之前，应清楚需要通过 SmartArt 图形表达什么信息以及是否希望信息以某种特定方式显示。创建组织结构图的具体操作步骤如下。

❶ 单击【插入】选项卡下【插图】选项组中的【SmartArt】按钮，弹出【选择 SmartArt 图形】对话框。

❷ 选择左侧列表中的【层次结构】选项，在右侧的列表框中选择【组织结构图】选项。

❸ 单击【确定】按钮，即可在工作表中插入选择的 SmartArt 图形。

插入的 SmartArt 图形

❹ 在【在此处键入文字】窗格中添加如下图所示的内容，SmartArt 图形会自动更新显示的内容。

输入内容

 提示 如果需要添加更多的职位，如需要在"后勤"形状后添加新形状，可选中"后勤"形状并单击鼠标右键，在弹出的快捷菜单中选择【添加形状】子菜单中的【在后面添加形状】命令即可。如果要删除形状，只需要选择要删除的形状，按【Delete】键即可。

9.7.2 改变 SmartArt 图形布局

可以通过改变 SmartArt 图形的布局来改变外观，以使图形更能体现出层次结构。

1. 改变悬挂结构

❶ 选择 SmartArt 图形的最上层形状。

单击

❷ 在【设计】选项卡下【创建图形】选项组中，单击【布局】按钮，在弹出的下拉菜单中选择【左悬挂】形式。

【左悬挂】形式

2. 改变布局样式

❶ 单击【设计】选项卡下【布局】选项组右侧的按钮，在弹出的列表中选择【水平层次结构】形式，即可快速更改 SmartArt 图形的布局。

【水平层次结构】形式

❷ 也可以在列表中选择【其他布局】，在弹出的【选择 SmartArt 图形】对话框中选择需要的布局样式。

选择需要的样式

9.8 综合实战——制作损益分析表

本节视频教学录像：5 分钟

损益表又称为利润表，是指反映企业在一定会计期的经营成果及其分配情况的会计报表，是一段时间内公司经营业绩的财务记录，反映了这段时间的销售收入、销售成本、经营费用及税收状况，报表结果为公司实现的利润或形成的亏损。

【案例效果展示】

【案例涉及知识点】

- 创建柱形图表
- 添加图表元素
- 设置图表形状样式

【操作步骤】

第 1 步：创建柱形图表

柱形图把每个数据显示为一个垂直柱体，高度与数值相对应，值的刻度显示在垂直轴线的左侧。创建柱形图可以设置多个数据系列，每个数据系列以不同的颜色表示。具体操作步骤如下。

❶ 打开随书光盘中的"素材 \ch09\ 损益分析表 .xlsx"文件，选择 A3:F11 单元格区域。

选择单元格区域

❷ 单击【插入】选项卡下【图表】选项组中的【柱形图】按钮，在弹出的列表中选择【簇状柱形图】选项，即可插入柱形图。

第 2 步：添加图表元素

在图表中添加图表元素，可以使图表更加直观、明了地表达数据内容。

❶ 选择图表，单击【图表工具】▶【设计】选项卡下【图表布局】组中的【添加图表元素】按钮 ，右下角的下拉按钮，在弹出的列表中选择【数据标签】▶【数据标签内】选项。

❷ 即可将数据标签插入到图表中。

❸ 选择图表，单击【图表工具】▶【设计】选项卡下【图表布局】组中的【添加图表元素】按钮 ，右下角的下拉按钮，在弹出的列表中选择【图例】▶【右侧】选项，即可将图例移至图表右侧。

❹ 选择图表，单击【图表工具】▶【设计】选项卡下【图表布局】组中的【添加图表元素】按钮 ，右下角的下拉按钮，在弹出的列表中选择【数据表】▶【无图例项标示】选项，即可在图表中显示数据表。

❺ 在【图表标题】文本框中输入"损益分析图"字样，并设置字体的大小和样式，效果如下图所示。

153

第 3 步：设置图表形状样式

为了使图表美观，可以设置图表的形状样式。Excel 2013 提供了多种图表样式。具体操作步骤如下。

❶ 选择图表，单击【图表工具】▶【格式】选项卡下【形状样式】组中的▼按钮，在弹出的列表中选择一种样式应用于图表，效果如图所示。

设置图表样式效果

❷ 选择绘图区，单击【图表工具】▶【格式】选项卡下【形状样式】组中的 ◇形状填充 按钮右侧的下拉按钮，在弹出的列表中选择【纹理】▶【新闻纸】选项，应用于图表，效果如图所示。

最终效果

至此，一份完整的损益分析表已经制作完成了。

 高手私房菜

本节视频教学录像：2 分钟

技巧：将图表变为图片

将图表变为图片或图形在某些情况下有一定的作用，比如发布到网上或者粘贴到 PPT 中。

❶ 打开随书光盘中的"素材 \ch09\ 食品销量图表 .xlsx"文件，选择图表，按【Ctrl+C】组合键复制图表。

复制图表

❷ 选择【开始】选项卡，在【剪贴板】选项组中单击【粘贴】按钮 下的下拉箭头，在弹出的下拉列表中选择【图片】按钮 。

单击

❸ 即可将图表以图片的形式粘贴到工作表中。

图片效果

公式与函数

本章视频教学录像：50 分钟

本章导读

　　面对大量的数据，如果逐个计算、处理，会浪费大量的人力和时间，灵活使用公式和函数可以大大提高数据分析的能力和效率。本章主要介绍公式与函数的使用方法，通过对各种函数类型的学习，可以熟练掌握常用函数的使用技巧和方法，并能够举一反三，灵活运用。

重点导读

+ 认识公式和函数
+ 掌握公式的用法
+ 掌握函数的用法

10.1 认识公式与函数

本节视频教学录像：3 分钟

公式与函数是 Excel 的重要组成部分，有着非常强大的计算功能，为用户分析和处理工作表中的数据提供了很大的方便。

10.1.1 公式的概念

公式是用户根据数据的统计、处理和分析的实际需要，通过运算符号将其连接起来的一个等式。使用公式时必须以等号（＝）开头，后面紧接数据和运算符。

其中数据可以是常数、单元格引用、单元格名称和工作函数等。

运算符包含下面 4 种。

(1) 算数运算符：用于完成基本数学运算的运算符，有 +（加号）、–（减号/负号）、*（乘号）、/（除号）、%（百分号）和 ^（乘幂）等。

(2) 比较运算符：用来比较两个值大小的运算符，有 =（等号）、>（大于号）、<（小于号）、≥（大于等于号）、≤（小于等于号）和 ≠（不等号）6 种。

(3) 文本运算符：&（连字符）用来将多个文本连接成组合文本。

(4) 引用运算符：可以将单元格区域合并计算。它包含 ":（比号）" 区域运算符、",（逗号）" 联合运算符和 "（空格）交叉运算符。

10.1.2 函数的概念

Excel 中所提到的函数其实是一些预定义的公式，它们使用一些被称为参数的特定数值按特定的顺序或结构进行计算。每个函数描述都包括一个语法行，它是一种特殊的公式，所有的函数必须以等号（＝）开始，它是预定义的内置公式，必须按语法的特定顺序进行计算。

【插入函数】对话框为用户提供了一个使用半自动方式输入函数及其参数的方法。使用【插入函数】对话框可以保证正确的函数拼写以及正确顺序的确切的参数个数。

打开【插入函数】对话框有以下 3 种方法。

(1) 在【公式】选项卡中，单击【函数库】选项组中的【插入函数】按钮。

(2) 单击编辑栏中的按钮。

(3) 按【Shift+F3】组合键。

10.1.3 函数的分类和组成

Excel 2013 提供了丰富的内置函数，按照函数的应用领域分为 13 大类，用户可以根据需要直接进行调用。常用的函数类型如下表所示。

函数类型	作用
财务函数	进行一般的财务计算
逻辑函数	进行逻辑判断或者复合检验
文本函数	在公式中处理字符串
日期和时间函数	可以分析和处理日期及时间
查找与引用函数	在数据清单中查找特定数据或查找一个单元格引用
数学与三角函数	可以在工作表中进行简单的计算
统计函数	对数据区域进行统计分析
工程函数	用于工程分析
信息函数	确定存储在单元格中数据的类型
多维数据集函数	用来从多维数据库中提取数据集和数值
WEB 函数	通过网页链接直接用公式获取数据
数据库函数	分析数据清单中的数值是否符合特定条件
兼容函数	这些函数已由新函数替换，新函数可以提供更好的精确度，且名称更好地反映其用法

在 Excel 中，一个完整的函数式通常由 3 部分构成，其格式如下：

标识符、 函数名称、函数参数

1. 标识符

在单元格中输入计算函数时，必须先输入 "="，这个 "=" 称为函数的标识符。如果不输入 "="，Excel 通常将输入的函数式作为文本处理，不返回运算结果。

2. 函数名称

函数标识符后面的英文是函数名称。大多数函数名称是对应英文单词的缩写。有些函数名称是由多个英文单词（或缩写）组合而成的，例如条件求和函数 SUMIF 是由求和 SUM 和条件 IF 组成的。

3. 函数参数

函数参数主要有以下几种类型。

(1) 常量

常量参数主要包括数值（如 123.45）、文本（如计算机）和日期（如 2013-5-25）等。

(2) 逻辑值

逻辑值参数主要包括逻辑真（TRUE）、逻辑假（FALSE）以及逻辑判断表达式（例如单元格 A3 不等于空表示为 "A3<>()"）的结果等。

(3) 单元格引用

单元格引用参数主要包括单个单元格的引用和单元格区域的引用等。

(4) 名称

在工作簿文档中各个工作表中自定义的名称，可以作为本工作簿内的函数参数直接引用。

(5) 其他函数式

用户可以用一个函数式的返回结果作为另一个函数式的参数。对于这种形式的函数式，通常称为"函数嵌套"。

(6) 数组参数

数组参数可以是一组常量（如 2、4、6），也可以是单元格区域的引用。

10.2 快速计算

本节视频教学录像：3 分钟

在 Excel 2013 中，不使用功能区中的选项，也可以快速完成单元格的计算。

10.2.1 自动显示计算结果

自动运算的功能就是对选定的单元格区域查看各种汇总总值。使用自动求和功能的具体操作步骤如下。

❶ 打开随书光盘中的"素材 \ch10\ 成绩表 .xlsx"文件，选择单元格区域 C3:C12，在状态栏上单击鼠标右键，在弹出的快捷菜单中选择【求和】选项。

❷ 此时状态栏中即可显示汇总求和后的结果。

求和结果

10.2.2 自动求和

在日常工作中，最常用的计算式求和，Excel 将它设定成工具按钮，放在【开始】选项卡下【编辑】选项组中，该按钮可以自动设定对应的单元格区域的引用地址。具体的操作步骤如下。

❶ 打开随书光盘中的"素材 \ch10\ 成绩表 .xlsx"文件，选择单元格 D13。

❷ 单击【开始】选项卡下【编辑】选项组中的【自动求和】按钮 Σ·。

❸ 单元格区域 D3:D12 被闪烁的虚线框包围，在 D3 单元格中自动显示求和函数，函数的下方显示出有关函数的格式及参数。

❹ 单击编辑栏中的【输入】按钮，或者按
【Enter】键即可在 D13 单元格中计算出
D3:D12 区域中数值的和。

10.3 公式

本节视频教学录像：7 分钟

在 Excel 2013 中，应用公式可以帮助分析工作表中的数据，例如对数值进行加、减、乘、除等运算。

 ## 10.3.1　输入公式

在单元格中输入公式的方法可分为手动输入和单击输入等。

1. 手动输入

在选定的单元格中输入"="，并输入公式"3+5"。输入时字符会同时出现在单元格和编辑栏中，按【Enter】键后该单元格会显示出运算结果"8"。

2. 单击输入

单击输入公式更简单快捷，也不容易出错。例如在单元格 C1 中输入公式"=A1+B1"，可以按照以下步骤进行单击输入。

❶ 分别在 A1、B1 单元格中输入"3"和"5"，选择 C1 单元格，输入"="。

❷ 单击单元格 A1，单元格周围会显示一个活动虚框，同时单元格引用会出现在单元格 C1 和编辑栏中。

❸ 输入"加号（＋）"，单击单元格 B1。单元格 B1 的虚线边框会变为实线边框。

❹ 按【Enter】键后效果如下图所示。

10.3.2 移动和复制公式

创建公式后，有时需要将其移动或复制到工作表中的其他位置。

1. 移动公式

移动公式是将创建好的公式移动到其他单元格中，具体的操作步骤如下。

❶ 打开随书光盘中的"素材 \ch10\ 成绩表 .xlsx"文件，在单元格 G3 中输入公式"=SUM（C3:F3）"，按【Enter】键即可求出总成绩。

❷ 选择单元格 G3，在该单元格边框上按住鼠标左键，将其拖曳到其他单元格，释放鼠标左键后即可移动公式，移动后，值不发生变化，仍为"358"。

2. 复制公式

复制公式就是把创建好的公式复制到其他单元格中，具体的操作步骤如下。

❶ 打开随书光盘中的"素材 \ch10\ 成绩表 .xlsx"文件，在单元格 G3 中输入公式"=SUM（C3:F3）"，按【Enter】键即可求出总成绩。

❷ 选择 G3 单元格，按【Ctrl+C】组合键复制函数，选择 G5 单元格，按【Ctrl+V】组合键粘贴函数，即可将单元格 G3 的公式复制到单元格 G5 中，单元格 G5 值显示为"347"。

10.3.3 审核和编辑公式

单元格中的公式也像单元格中的其他数据一样可以进行修改、复制和移动等编辑操作，还可以审核输入的格式。

1. 编辑公式

在进行数据运算时，如果发现输入的公式有误，可以对其进行编辑。具体操作步骤如下。

❶ 新建一个文档，输入如图所示内容，在 C1 单元格中输入公式"=A1+B1"，按【Enter】键计算出结果。

❷ 选择 C1 单元格，在编辑栏中对公式进行修改，如将 "=A1+B1" 改为 "=A1*B1"。按【Enter】键完成修改，结果如下图所示。

2. 审核公式

利用 Excel 提供的审核功能，可以方便地检查工作表中涉及公式的单元格之间的关系。

当公式使用引用单元格或从属单元格时，检查公式的准确性或查找错误的根源会很困难，而 Excel 提供有帮助检查公式的功能。可以使用【追踪引用单元格】和【追踪从属单元格】按钮，以追踪箭头显示或追踪单元格之间的关系。追踪单元格的具体操作步骤如下。

❶ 新建一个文档，分别在 A1、B1 单元格中输入 "45" 和 "51"，在 C1 单元格中输入公式 "=A1+B1"，按【Enter】键计算出结果。

❷ 选中 C1 单元格，单击【公式】选项卡下【公式审核】选项组中的【追踪引用单元格】按钮 。

❸ 在 C1 单元格中按【Ctrl+C】组合键，在 D1 单元格中按【Ctrl+V】组合键完成复制。选中 C1 单元格，单击【公式】选项卡下【公式审核】选项组中的【追踪从属单元格】按钮 。

❹ 要移去工作表上的所有追踪箭头，单击【公式】选项卡下【公式审核】组中的【移去箭头】按钮 ，或单击【移去箭头】按钮右侧的下拉按钮，在弹出的下拉菜单汇总选择移去箭头的不同方式即可。

> **提示** 使用 Excel 提供的审核功能，还可以进行错误检查和监视窗口等，这里不再一一赘述。

10.3.4 使用公式计算字符

公式中不仅可以进行数值的计算，还可以进行字符的计算，具体的操作步骤如下。

❶ 新建一个文档，输入如图所示内容，选择单元格 D1，在编辑栏中输入公式"=（A1+B1）/C1"。

❷ 按【Enter】键，单元格 D1 中计算出公式的结果并显示"2"。

❸ 选择单元格 D2，在编辑栏中输入"="；单击单元格 A2，在编辑栏中输入"&"；单击单元格 B2，在编辑栏中输入"&"；单击单元格 C2，编辑栏中显示"=A2&B2&C2"。

❹ 按【Enter】键，在单元格 D2 中会显示"使用公式计算字符"，这是公式"=A2&B2&C2"的计算结果。

10.4 函数

📹 本节视频教学录像：25 分钟

Excel 函数是一些已经定义好的公式，大多数函数是经常使用的公式的简写形式。函数通过参数接收数据并返回结果。大多数情况下返回的是计算的结果，也可以返回文本、引用、逻辑值或数组等。

10.4.1 函数的输入与修改

输入函数后，可以对函数进行相应的修改。在 Excel 2013 中，输入函数的方法有手动输入和使用函数向导输入两种。

1. 函数的输入

手动输入和输入普通的公式一样，这里不再介绍。下面介绍使用函数向导输入函数，具体的操作步骤如下。

❶ 启动 Excel 2013，新建一个空白文档，在单元格 A1 中输入"-100"。

输入数据

❷ 选择 A2 单元格，单击【公式】选项卡下【函数库】选项组中的【插入函数】按钮，弹出【插入函数】对话框。在对话框的【或选择类别】列表框中选择【数学与三角函数】选项，在【选择函数】列表框中选择【ABS】选项（绝对值函数），列表框下方会出现关于该函数的简单提示，单击【确定】按钮。

单击

❸ 弹出【函数参数】对话框，在【Number】文本框中输入"A1"，单击【确定】按钮。

单击

❹ 单元格 A1 的绝对值即可求出，显示在单元格 A2 中。

得出结果

2. 函数的修改

如果要修改函数表达式，可以选定修改函数的所在单元格，将鼠标光标定位在编辑栏中的错误处，利用【Delete】键或【Backspace】键删除错误的内容，输入正确的内容即可。如果是函数的参数输入有误，选定函数所在单元格，单击编辑栏中的【插入函数】按钮，再次打开【函数参数】对话框，重新输入正确的函数参数即可。

10.4.2 财务函数

财务函数作为 Excel 中的常用函数之一，为财务和会记核算（记账、算账和报账）提供了很多方便。

××公司于 2013 年 9 月 30 日新购两台大型机器，购买价格 A 机器为 52 万元、B 机器为 48 万元，折旧期限都为 5 年，A 机器的资产残值为 6 万元、B 机器的资产残值为 3.5 万元，利用【DB】函数计算这两台机器每一年的折旧值。

 提示　【DB】函数

功能：使用固定余数递减法，计算资产在一定期间内的折旧值。

格式：DB(cost,salvage,life,period,month)。

参数：cost 为资产原值，用单元格或数值来指定；salvage 为资产在折旧期末的价值，用单元格或数值来指定；life 为固定资产的折旧期限；period 为计算折旧值的期间；month 为购买固定资产后第一年的使用月份数。

❶ 打开随书光盘中的"素材 \ch10\Db.xlsx"文件，并设置 B8:C12 的数字格式为【货币】格式，小数位数为"0"。

❷ 在单元格 B8 中输入公式"=DB（$B$2,$B$3,$B$4,A8,$B$5）"，按【Enter】键即可计算出机器 A 第一年的折旧值。

❸ 在单元格 C8 中输入公式"=DB（$C$2,$C$3,$C$4,A8,$C$5）"，按【Enter】键即可计算出机器 B 第一年的折旧值。

❹ 利用快速填充功能，完成其他年限的折旧值。

10.4.3 逻辑函数

逻辑函数是根据不同条件进行不同处理的函数，条件格式中使用比较运算符指定逻辑式，并用逻辑值表示结果。

1. 判断员工绩效考核是否合格

如果总分大于等于 200 分的显示为合格，否则显示为不合格。这里使用【IF】函数。

 提示 【IF】函数

功能：根据对指定条件的逻辑判断的真假结果，返回相对应的内容。

格式：IF(Logical,Value_if_true,Value_if_false)。

参数：Logical 代表逻辑判断表达式；Value_if_true 表示当判断条件为逻辑"真（TRUE）"时的显示内容，如果忽略此参数，则返回"0"；Value_if_false 表示当判断条件为逻辑"假（FALSE）"时的显示内容，如果忽略返回"FALSE"。

❶ 打开随书光盘中的"素材 \ch10\IF.xlsx"文件，在单元格 E2 中输入公式"=IF（D2 >=60,"合格","不合格"）"，按【Enter】键即可显示单元格 G2 是否为合格。

❷ 利用快速填充功能，完成对其他员工的绩效考核的成绩的判断。

2. 判断员工是否完成工作量

每个人 4 个季度销售计算机的数量均大于 100 台为完成工作量，否则没有完成工作量。这里使用【AND】函数判断员工是否完成工作量。

提示 【AND】函数

功能：返回逻辑值。如果所有参数值为逻辑"真（TRUE）"，则返回逻辑值"真（TRUE）"，反之返回逻辑值"假（FALSE）"。

格式：AND(logicall1,logicall2,…)

参数：logicall1,logicall2,…表示待测试的条件值或表达式，最多为 255 个。

❶ 打开随书光盘中的"素材 \ch10\And.xlsx"文件，在单元格 F2 中输入公式"=AND（B2 > 100,C2 > 100,D2 > 100,E2 > 100）"，按【Enter】键即可显示完成工作量的信息。

❷ 利用快速填充功能，判断其他员工工作量的完成情况。

10.4.4 文本函数

文本函数式在公式中处理文字串的函数，主要用于查找、提取文本中的特定字符、转换数据类型以及结合相关的文本内容等。本节使用【TEXT】函数将数字转换为文本格式并添加货币符号，具体操作步骤如下。

工作量按件计算，每件 10 元。假设员工的工资组成包括基本工资和工作量。月底时，公司需要把员工的工作量转换为收入，加上基本工资进行当月工资的核算。

 提示 【TEXT】函数

功能：设置数字格式并将其转换为文本函数。将数值转换为按指定数字格式表示的文本。

格式：TEXT（value,format-text）。

参数：value 表示数值，计算结果为数值的公式，也可以是对包含数字的单元格的引用；format-text 作为用引号括起的文本字符串的数字格式。

❶ 打开随书光盘中的"素材 \ch10\Text.xlsx"文件。选择单元格 E3，在单元格中输入公式"=TEXT(C3+D3*10,"￥#.00")"，按【Enter】键，即可完成工资收入的计算。

❷ 利用快速填充功能，完成对其他员工绩效考核成绩的判断。

10.4.5 日期与时间函数

日期和时间函数主要用来获取相关的日期和时间信息，经常用于日期的处理。

1. 统计员工上岗的时间

公司每年都有新来的员工和离开的员工，现利用【YEAR】函数统计员工上岗的年份。

> **提示** 【YEAR】函数
>
> 功能：返回某日对应的年份函数。显示日期值或日期文本的年份，返回值的范围为 1900~9999 的整数。
>
> 格式：YEAR(serial-number)。
>
> 参数：serial-number 为一个日期值，其中包含需要查找年份的日期。

❶ 打开随书光盘中的"素材\ch10\Year.xlsx"文件。选择单元格 D3，在单元格中输入公式"=YEAR(C3）"，按【Enter】键，即可计算出上岗年份。

❷ 利用快速填充功能，完成其他单元格的操作。

2. 统计网络使用时间

根据网络的连接时间和断开时间计算上网的时间，不足 1 小时则舍去。

> **提示** 【HOUR】函数
>
> 功能：返回时间值的小时数函数。计算某个时间值或者代表时间的序列编号对应的小时数。
>
> 格式：HOUR((serial_number)。
>
> 参数：serial_number 表示需要计算小时数的时间，这个参数的数据格式是所有 Excel 可以识别的时间格式。

❶ 打开随书光盘中的"素材\ch10\Hour.xlsx"文件。选择单元格 D3，在单元格中输入公式"=HOUR(C3-B3）"，按【Enter】键，即可计算出网络使用小时数。

❷ 利用快速填充功能，完成其他单元格的操作。

10.4.6 查找与引用函数

查找和引用函数主要应用于单元格区域内，进行数值的查找。某软件研发公司拥有一批软件开发人才，包括高级开发人员、高级测试人员、项目经理、高级项目经理等。

这里使用【CHOOSE】函数输入该公司部分员工的职称。

提示　【CHOOSE】函数

功能：使用【CHOOSE】函数可以根据索引号从最多 254 个数值中选择一个。

格式：CHOOSE（index_num,value1,value2…）

参数：index_num 指定所选参数序号的值参数；value1,value2… 为 1 到 254 个数值参数，函数 CHOOSE 基于 index_num，从中选择一个数值或一项进行的操作。

❶ 打开随书光盘中的"素材 \ch10\Choose.xlsx"文件。选择单元格 D3，在单元格中输入公式"=CHOOSE(C3," 销售经理 "," 销售代表 "," 售后经理 "," 维修人员 ")"，按【Enter】键，即可在单元格 D3 中显示该员工的岗位职称。

❷ 利用快速填充功能，复制单元格 D3 的公式到其他单元格中，自动输入其他员工的岗位职称。

10.4.7　数学与三角函数

可以使用【INT】函数将数值向下取整为最接近的整数。

　提示　【INT】函数

功能：返回实数向下取整后的整数值。【INT】函数在取整时，不进行四舍五入。

格式：INT（number）

参数：number 表示需要取整的数值或包含数值的引用单元格。

❶ 打开随书光盘中的"素材 \ch10\Int.xlsx"文件。选择单元格 B1，在单元格中输入公式"=INT（A1）"，按【Enter】键，即可在单元格 B1 中求出 A1 的整数值。

❷ 利用快速填充功能，复制单元格 B1 的公式到其他单元格中，自动求出其他单元格的整数值。

10.4.8　其他函数

前面介绍了 Excel 中一些常用的函数，其他的函数介绍如下。

1. 统计函数

统计函数可以帮助 Excel 用户从复杂的数据中筛选有效数据。由于筛选的多样性，Excel 中提供了多种统计函数。

常用的统计函数有【COUNT】函数【AVERAGE】函数（返回其参数的算术平均值）和【ACERAGEA】函数（返回所有参数的 算术平均值）等。公司考勤表中记录了员工是否缺勤，现在需要统计缺勤的总人数，这里使用【COUNT】函数。

提示 【COUNT】函数

功能：统计参数列表中含有数值数据的单元格个数。

格式：COUNT（value1,value2,…）

参数：value1,value2…表示可以包含或引用各种类型数据的 1 到 255 个参数，但只有数值型的数据才被计算。

❶ 打开随书光盘中的"素材 \ch10\Count.xlsx"文件。

❷ 在单元格 D3 中输入公式"=COUNT（B2:B10）"，按【Enter】键即可得到迟到总人数。

2. 工程函数

工程函数可以解决一些数学问题。如果能够合理的使用工程函数，可以极大地简化程序。

常用的工程函数有【DEC2BIN】函数（将十进制转化为二进制）、【BIN2DEC】函数（将二进制转化为十进制）、【IMSUM】函数（两个或多个复数的值）。

3. 信息函数

信息函数是用来获取单元格内容信息的函数。信息函数可以在满足条件时返回逻辑值，从而获取单元格的信息。还可以确定存储在单元格中的内容的格式、位置、错误信息等类型。

常用的信息函数有【CELL】函数（引用区域的左上角单元格样式、位置或内容等信息）、【TYPE】函数（检测数据的类型）。

4. 多维数据集函数

多维数据集函数可用来从多维数据库中提取数据集和数值，并将其显示在单元格中。

常用的多维数据集函数有【CUBEKPIMEMBER】函数（返回重要性能指示器 (KPI) 属性，并在单元格中显示 KPI 名称）、【CUBEMEMBER】函数（返回多维数据集中的成员或元组，用来验证成员或元组存在于多维数据集中）和【CUBEMEMBERPROPERTY】函数（返回多维数据集中成员属性的值，用来验证某成员名称存在于多维数据集中，并返回此成员的指定属性）等。

5.WEB 函数

WEB 函数是 Excel 2013 版本中新增的一个函数类别，它可以通过网页链接直接用公式获取数据，无需编程无需启用宏。

常用的 WEB 函数有【ENCODEURL】函数、【FILTERXML】函数（使用指定的 Xpath 从 XML 内容返回特定数据）和【WEBSERVICE】函数（从 Web 服务返回数据）。

【ENCODEURL】函数是 Excel 2013 版本中新增的 WEB 类函数中的一员，它可以将包含中文字符的网址进行编码。当然也不仅仅局限于网址，对于使用 UTF-8 编码方式对中文字符进行编码的场合都适用。将网络地址中的汉字转换为字符编码，这里使用【ENCODEURL】函数进行转换，具体操作步骤如下。

提示 【ENCODEURL】函数

功能：对 URL 地址（主要是中文字符）进行 UTF-8 编码。

格式：ENCODEURL(text)

参数：text 表示需要进行 UTF-8 编码的字符或包含字符的引用单元格。

❶ 打开随书光盘中的"素材 \ch10\Encodeul. xlsx"文件。选择单元格 B2，在单元格中输入公式"=ENCODEURL(A2)"，按【Enter】键，即可。

❷ 利用快速填充功能，完成其他单元格的操作。

10.5 综合实战——销售奖金计算表

本节视频教学录像：10 分钟

销售奖金计算表是公司根据每位员工的每月或每年的销售情况计算月奖金或年终奖的表格。员工每个月的销售业绩越好，公司获得的利润就越高，相应员工得到的销售奖金也就越多。人事部门在月底计算员工的销售奖金是非常必要和重要的，不仅能提高员工的待遇，还能够充分调动员工的工作积极性，推动公司销售业绩的发展。

【案例效果展示】

【案例涉及知识点】

❀ 使用【SUM】函数计算累计业绩

❀ 使用【VLOOKUP】函数计算销售业绩额和累计业绩额

❀ 使用【HLOOKUP】函数计算奖金比例

❀ 使用【IF】函数计算基本业绩奖金和累计业绩奖金

【操作步骤】

第 1 步：使用【SUM】函数计算累计业绩

❶ 打开随书光盘中的"素材 \ch10\ 销售奖金计算表.xlsx"文件，包含 3 个工作表，分别为"业绩管理"、"业绩奖金标准"和"业绩奖金评估"。单击【业绩管理】工作表。选择单元格 C2，在编辑栏中直接输入公式"=SUM(D3:O3)"，按【Enter】键即可计算出该员工的累计业绩。

2 利用自动填充功能，将公式复制到该列的其他单元格中。

第 2 步：使用【VLOOKUP】函数计算销售业绩额和累计业绩额

1 单击"业绩奖金标准"工作表。

提示 "业绩奖金标准"主要有以下几条：单月销售额在 34999 元以下的，没有基本业绩奖；单月销售额在 35000~49999 元的，按销售额的 3% 发放业绩奖金；单月销售在 50000~79999 元的，按销售额的 7% 发业绩奖金；单月销售额在 80000~119999 元的，按销售额的 10% 发业绩奖金；单月销售额在 120000 元以上的，按销售额的 15% 发放业绩奖金，但基本业绩奖金不得超过 48000 元；累计销售额超过 600000 元的，公司给予一次性 18000 元的奖励；累计销售额在 600000 元以下的，公司给予一次性 5000 元的奖励。

2 设置自动显示销售业绩额。单击"业绩奖金评估"工作表，选择单元格 C2，在编辑栏中直接输入公式"=VLOOKUP(A2,业绩管理!$A$3:$O$11,15,1)"，按【Enter】键确认，即可看到单元格 C2 中自动显示员工"张光辉"的 12 月份的销售业绩额。

提示 公式"=VLOOKUP(A2,业绩管理!$A$3:$O$11,15,1)"中第 3 格参数设置为"15"表示取满足条件的记录在"业绩管理!$A$3:$O$11"区域中第 15 列的值。

3 按照同样的方法设置自动显示累计业绩额。选择单元格 E2，在编辑栏中直接输入公式"=VLOOKUP(A2,业绩管理!$A$3:$C$11,3,1)"，按【Enter】键确认，即可看到单元格 E2 中自动显示员工"张光辉"的累计销售业绩额。

4 使用自动填充功能，完成其他员工的销售业绩额和累计销售业绩额的计算。

第 3 步：使用【HLOOKUP】函数计算奖金比例

❶ 选择单元格 D2，输入公式"=HLOOKUP (C2, 业绩奖金标准 !$B$2:$F$3,2)"，按【Enter】键即可计算出该员工的奖金比例。

提示 公式"=HLOOKUP(C2, 业绩奖金标准 !$B$2:$F$3,2)"中第 3 个参数设置为"2"表示取满足条件的记录在"业绩奖金标准! !$B$2: $F$3"区域中第 2 行的值。

❷ 使用自动填充功能，完成其他员工的奖金比例计算。

第 4 步：使用【IF】函数计算基本业绩奖金和累计业绩奖金

❶ 计算基本业绩奖金。选择单元格 F2，在编辑栏中直接输入公式"=IF(C2<=400000,C2 *D2,"48,000")"，按【Enter】键确认。

提示 公式"=IF(C2<=400000,C2*D2," 48,000")"的含义为：当单元格数据小于等于 400000 时，返回结果为单元格 C2 乘以单元格 D2，否则返回 48000。

❷ 使用自动填充功能，完成其他员工的销售业绩奖金的计算。

❸ 使用同样的方法计算累计业绩奖金。选择单元格 G2，在编辑栏中直接输入公式"=IF (E2>600000,18000,5000)"，按【Enter】键确认，即可计算出累计业绩奖金。

❹ 使用自动填充功能，完成其他员工累计业绩奖金的计算。

快速填充的结果

第 5 步：计算业绩总奖金额

❶ 在单元格 H2 中输入公式 "=F2+G2"，按【Enter】键确认，计算出业绩总奖金额。

输入函数

❷ 使用自动填充功能，计算出所有员工的业绩总奖金额。

快速填充的结果

 高手私房菜

本节视频教学录像：2 分钟

技巧：搜索需要的函数

由于Excel函数的种类较多，在使用函数时，可以利用"搜索函数"功能来查找相应的函数，具体的操作步骤如下。

❶ 选择需要输入函数的单元格，单击【公式】选项卡【函数库】组中的【插入函数】按钮，弹出【插入函数】对话框。

插入函数对话框

❷ 在【搜索函数】文本框中输入要搜索函数的关键字，如"引用"，单击【转到】按钮，系统会将相似的函数列在下面的【选择函数】列表框中，可以根据需要选择相应的函数。

输入关键字

数据的分析与管理

📽 **本章视频教学录像：46 分钟**

高手指引

　　使用 Excel 2013 可以对表格中的数据进行基础分析，通过 Excel 的排序功能可以将数据表中的内容按照特定的规则排序；使用筛选功能可以将满足用户条件的数据单独显示；设置数据的有效性可以防止输入错误数据；使用条件格式功能可以直观地突出显示重要值；使用合并计算和分类汇总功能可以对数据进行分类或汇总。

重点导读

- ✚ 掌握数据筛选的方法
- ✚ 掌握数据排序的方法
- ✚ 掌握条件格式的使用方法
- ✚ 掌握设置数据有效性的方法
- ✚ 掌握分类汇总及合并运算的方法

11.1 数据的筛选

本节视频教学录像：10 分钟

在数据清单中，如果用户要查看一些特定数据，就需要对数据清单进行筛选，即从数据清单中选出符合条件的数据，将其显示在工作表中，不满足筛选条件的数据行将自动隐藏。

11.1.1 自动筛选

使用自动筛选功能可以在工作表中只显示那些满足特定条件的数据行。使用自动筛选功能的具体操作步骤如下。

❶ 打开随书光盘中的"素材 \ch11\ 学生成绩表 .xlsx"文件。单击工作表区域的任意一个单元格，如 A1 单元格。单击【数据】选项卡下【排序和筛选】选项组中的【筛选】按钮 。

 提示 先选中需要筛选的单元格区域，执行自动筛选命令，Excel 2013 会自动筛选所选单元格区域中的数据，否则将对工作表中的所有数据进行筛选。

❷ 此时工作表第 1 行的列标题显示为下拉列表形式，多了一个下拉箭头 。

❸ 单击要筛选的列右侧的下拉箭头 ，如单击【语文】列右侧的下拉箭头 ，在弹出的下拉菜单中选择【数字筛选】选项，在其下一级子菜单中选择【大于】菜单命令。

❹ 弹出【自定义自动筛选方式】对话框，在【显示行】下【语文】左侧的下拉列表中选择【大于】选项，在右侧的文本选择框中输入"85"，单击【确定】按钮。

❺ 返回工作表，可以看到仅显示满足语文成绩大于 85 的行，不满足条件的行已经被隐藏。

❻ 此时【语文】右侧的下拉箭头变为 形状。单击该下拉箭头，在出现的下拉菜单中选择【从"语文"中清除筛选】菜单项，即可恢复所有行的显示。

 提示 如果要退出自动筛选，再次单击【数据】选项卡【排序和筛选】选项组中的【筛选】按钮 即可。

11.1.2 高级筛选

若要通过复杂的条件来筛选单元格区域，则可使用高级筛选功能。进行高级筛选的具体步骤如下。

> **提示** 高级筛选要求在一个与工作表中数据不同的地方指定一个单元格区域来存放筛选的条件，这个单元格区域称为条件区域。

❶ 打开随书光盘中的"素材 \ch11\ 学生成绩表 .xlsx"文件，在 E19 单元格中输入"理综"，在 E20 单元格中输入"＞230"，如下图所示。

❷ 选择任意一个单元格，单击【数据】选项卡下【排序和筛选】组中的【高级】按钮▼高级。

❸ 弹出【高级筛选】对话框，分别单击【列表区域】和【条件区域】文本框右侧的【折叠】按钮，设置列表区域和条件区域。设置完毕后，单击【确定】按钮。

❹ 即可筛选出符合条件区域的数据。

> **提示** 在【高级筛选】对话框中，单击选中【将筛选结果复制到其他位置】单选项，则【复制到】输入框可以使用，选择复制到的单元格区域，筛选的结果将自动复制到所选的单元格区域。

11.2 数据的排序

📽 本节视频教学录像：6 分钟

将工作表中的数据根据需求进行不同的排列，可以将数据按照一定的顺序显示，便于用户观察。这时就需要使用 Excel 的数据排序功能。

11.2.1 按一列排序

按一列排序就是依据某列的数据规则对数据进行排序，具体的操作步骤如下 。

❶ 打开随书光盘中的"素材\ch11\销售表.xlsx"文件，选中需要排序的所在列的任一单元格，如【二分店】列中的任一单元格。

❷ 单击【数据】选项卡下【排序和筛选】选项组中的【升序】按钮或【降序】按钮，可以快速实现排序要求，这里单击【升序】按钮。

 ## 11.2.2 按多列排序

按多列排序就是依据多列的数据规则对数据表进行排序操作。将销售表中的"一分店"和"二分店"均进行降序排列的具体操作步骤如下。

❶ 打开随书光盘中的"素材\ch11\销售表.xlsx"文件，选择区域内的任一单元格。

❷ 单击【数据】选项卡中【排序和筛选】选项组中的【排序】按钮。

❸ 弹出【排序】对话框，在【主要关键字】列表框中选择【一分店】选项，设置【次序】为【降序】。单击【添加条件】按钮，添加新的条件，在【次要关键字】下拉列表中选择【二分店】选项，设置【次序】为【降序】，单击【确定】按钮。

📝 **提示** 多条件排序最多可以设置 64 个关键词，条件相同可直接单击【复制条件】按钮。

❹ 最终结果如下图所示。

📝 **提示** 此时，将按照"一分店"数据由高到低的顺序排序，只有在"一分店"数据相等时，才按照"二分店"数据由高到低排序。

11.2.3 自定义排序

Excel 具有自定义排序功能，用户可以根据需要设置自定义排序序列，设置并自定义排序的具体操作步骤如下。

❶ 打开随书光盘中的"素材 \ch11\ 自定义排序 .xlsx"文件，选中需要自定义排序单元格区域的一个单元格。单击【数据】选项卡下【排序和筛选】选项组中的【排序】按钮 。

❷ 弹出【排序】对话框，在【主要关键字】下拉列表中选择【最高学历】选项，在【次序】下拉列表中选择【自定义序列】选项。

❸ 弹出【自定义序列】对话框，在【输入序列】列表框中依次输入"博士"、"硕士"、"本科"、"大专"、"中专"和"高中"等内容，单击【添加】按钮。

❹ 新的自定义序列就被添加到【自定义序列】列表框中，单击【确定】按钮。

❺ 返回【排序】对话框，可以看到次序已经显示在【次序】选择框中，单击【确定】按钮。

❻ 自定义排序的结果如下图所示。

> **提示** 在【Excel 选项】对话框【高级】选项下的【常规】组中单击【编辑自定义列表】按钮，也可弹出【自定义序列】对话框添加自定义序列。

11.3 条件格式

本节视频教学录像：7分钟

条件格式是指条件为真时，Excel 自动应用所选单元格的格式，即在所选的单元格中符合条件的以一种格式显示，不符合条件的以另一种格式显示。

11.3.1 突出显示单元格效果

突出显示单元格效果是指将满足条件的单元格按照设置突出显示出来，具体的操作步骤如下。

❶ 打开随书光盘中的"素材 \ch11\ 学生成绩表 .xlsx"文件，选择单元格区域 G2:G16。

❷ 单击【开始】选项卡下【样式】选项组中的【条件格式】按钮，在弹出的下拉列表中选择【突出显示单元格规则】▶【大于】选项。

❸ 弹出【大于】对话框，在【为大于以下值的单元格设置格式】文本框中输入"590"，在【设置为】下拉列表框中选择【黄填充色深黄色文本】选项，单击【确定】按钮。

❹ 即可突出显示满足条件的学生成绩。

11.3.2 使用项目选取规则

项目选取规则可以突出显示选定区域中最大或最小的百分数或数字所指定的数据所在单元格，还可以指定大于或小于平均值的单元格。使用项目选取规则的具体操作步骤如下。

❶ 打开随书光盘中的"素材 \ch11\ 学生成绩表 .xlsx"文件，选择单元格区域 F2:F16。

❷ 单击【开始】选项卡下【样式】选项组中的【条件格式】按钮，在弹出的下拉列表中选择【项目选取规则】▶【高于平均值】选项。

❸ 弹出【高于平均值】对话框，为高于平均值的单元格区域设置格式为【浅红填充深红色文本】选项，单击【确定】按钮。

❹ 即可将满足条件的学生成绩所在的单元格以"浅红填充深红色文本"的格式显示。

11.3.3 使用数据条格式

数据条可帮助查看某个单元格相对于其他单元格的值，数据条的长度代表单元格中的值，数据条越长，表示值越高；数据条越短，表示值越低。使用数据条的具体操作步骤如下。

❶ 打开随书光盘中的"素材 \ch11\ 学生成绩表 .xlsx"文件，选择"总分"列。

❷ 单击【开始】选项卡下【样式】选项组中的【条件格式】按钮，在弹出的下拉列表中选择【数据条】➤【渐变填充】➤【蓝色数据条】选项，总分就以蓝色数据条显示，总分越高，数据条越长。

11.3.4 使用颜色格式

颜色作为一种直观的指示，可以帮助用户了解数据分布和数据变化。双色刻度使用两种颜色的深浅程度比较某个区域的单元格，颜色的深浅代表值的高低。例如，在绿色和红色的双色刻度中，可以指定较高值单元格的颜色更绿，而较低值单元格的颜色更红。三色刻度使用三种颜色的深浅程度来比较某个区域的单元格，颜色的深浅表示值的高、中和低。使用绿 – 黄 – 红颜色显示销售额的具体操作步骤如下。

❶ 打开随书光盘中的"素材 \ch11\ 销售表 .xlsx"文件，选择单元格区域 B2:E14。

❷ 单击【开始】选项卡下【样式】选项组中的【条件格式】按钮，在弹出的下拉列表中选择【色阶】➤【绿 – 黄 – 红色阶】选项，销售额区域即以绿 – 黄 – 红色阶显示。

11.3.5 套用小图标格式

使用图标集可以对数据进行注释，并可以按阈值分为 3~5 个类别。每个图标代表一个值的范围。例如，在三色交通灯图标集中，红灯代表较低值，黄灯代表中间值，绿灯代表较高值。使用三色交通灯显示销售额的具体操作步骤如下。

❶ 打开随书光盘中的"素材\ch11\销售表.xlsx"文件，选择单元格区域 B2:E14。

❷ 单击【开始】选项卡下【样式】选项组中的【条件格式】按钮 条件格式，在弹出的下拉列表中选择【图标集】▶【三色交通灯（无边框）】选项，销售额区域即以三色交通灯显示。

11.3.6 清除条件格式

设定格式后，可以清除条件格式。清除条件格式的具体操作步骤如下。

❶ 选择设置条件格式的区域，单击【开始】选项卡下【样式】选项组中的【条件格式】按钮 条件格式，在弹出的下拉列表中选择【清除规则】▶【清除所选单元格的规则】选项。

❷ 即可清除设置的条件格式。

> **提示** 选择【清除所选单元格的规则】选项，可清除选择区域中的条件格式；选择【清除整个工作表的规则】选项，则可以清除工作表中所有设置的条件格式。

11.4 设置数据的有效性

本节视频教学录像：3 分钟

在向工作表中输入数据时，为了防止用户输入错误的数据，可以为单元格设置有效的数据范围，限制用户只能输入指定范围的数据。设置学生学号长度的具体操作步骤如下。

❶ 打开随书光盘中的"素材\ch11\数据有效性.xlsx"文件。选择 B2:B8 单元格区域，单击【数据】选项卡下【数据工具】选项组中的【数据验证】按钮 ⊞ 数据验证 ，在弹出的下拉列表中选择【数据验证】选项。

❷ 弹出【数据验证】对话框，选择【设置】选项卡，在【允许】下拉列表中选择【文本长度】，在【数据】下拉列表中选择【等于】，在【长度】文本框中输入"8"，单击【确定】按钮。

❸ 返回工作表，在 B2:B8 单元格中输入学号，如果输入小于 8 位或者大于 8 位的学号，就会弹出【Microsoft Excel】提示框，提示出错信息。

❹ 只有输入 8 位的学号时，才能正确输入，而不会弹出警告。

> 📝 **提示** 在【数据验证】对话框中还可以设置输入前的提示信息、出错时的警告信息以及设置输入法模式等。

11.5 数据的合并计算

📹 本节视频教学录像：7 分钟

若要汇总多个单独的工作表的结果，可以将每个工作表中的数据合并到一个主工作表中。这些工作表可以和主工作表在同一个工作簿中，也可以位于不同的工作簿中。合并计算数据的具体操作步骤如下。

❶ 打开随书光盘中的"素材\ch11\合并计算.xlsx"文件，选择"工资 1"工作表的 A1:F14 单元格区域。

❷ 单击【公式】选项卡下【定义的名称】选项组中的【定义名称】按钮 ⊞定义名称 ，弹出【新建名称】对话框，在【名称】文本框中输入"工资 1"，单击【确定】按钮。

❸ 选择"工资2"工作表的D1:F14单元格区域。

❹ 在【公式】选项卡下【定义的名称】选项组中的【定义名称】按钮，弹出的【新建名称】对话框，在【名称】文本框中输入"工资2"，单击【确定】按钮。

❺ 选择"工资1"工作表中的单元格G1，单击【数据】选项卡下【数据工具】选项组中的【合并计算】按钮，在弹出的【合并计算】对话框中的【引用位置】文本框中输入"工资2"，单击【添加】按钮，把"工资2"添加到【所有引用位置】列表框中，单击【确定】按钮。

❻ 即可将名称为"工资2"的区域合并到"工资1"区域中。

提示 合并前要确保每个数据区域都采用列表格式，第一行中的每列都具有标签，同一列中包含相似的数据，并且在列表中没有空行或空列。

11.6 数据的分类汇总

📹 本节视频教学录像：2分钟

　　分类汇总是对数据清单中的数据进行分类，在分类的基础上对数据进行汇总。使用分类汇总时，用户不需创建公式，系统会自动创建公式，对数据清单中的字段进行求和、求平均及求最大值等函数运算，分类汇总的计算结果将分级显示出来。

❶ 打开随书光盘中的"素材\ch11\分类汇总.xlsx"文件，选择C列任意一个单元格，单击【数据】选项卡中的【升序】按钮进行排序。

❷ 单击【数据】选项卡下【分级显示】选项组中的【分类汇总】按钮。

❸ 弹出【分类汇总】对话框，在【分类字段】列表框中选择【部门名称】选项，表示以"部门名称"字段进行分类汇总，在【汇总方式】列表框中选择【求和】选项，在【选定汇总项】列表框中单击选中【性别】复选框，并单击选中【汇总结果显示在数据下方】复选框，单击【确定】按钮。

❹ 进行分类汇总后的效果如下图所示。

1 2 3		A	B	C	D	E	F
	1	姓名	性别	部门名称	住房补助	交通补助	扣除工资
	2	张燕	女	办公室	¥150.00	¥50.00	¥80.00
	3	杨威	男	办公室	¥100.00	¥50.00	¥50.00
	4	刘云	女	办公室	¥150.00	¥50.00	¥50.00
	5		0	办公室 汇总			
	6	王刚	男	财务部	¥50.00	¥50.00	¥85.00
	7	郑文	男	财务部	¥150.00	¥50.00	¥60.00
	8	张烨	男	财务部	¥100.00	¥50.00	¥100.00
	9		0	财务部 汇总			
	10	周丽	女	人事部	¥125.00	¥50.00	¥60.00
	11	李秀珍	男	人事部	¥100.00	¥50.00	¥78.00
	12		0	人事部 汇总			
	13	刘宁	女	销售部	¥250.00	¥50.00	¥90.00
	14	王旭	男	销售部	¥200.00	¥50.00	¥100.00
	15	王山	女	销售部	¥200.00	¥50.00	¥95.00
	16	李旭梅	女	销售部	¥200.00	¥50.00	¥80.00
	17	赵永芳	女	销售部	¥150.00	¥50.00	¥90.00
	18			销售部 汇总			
	19			总计			

汇总效果

提示 使用分类汇总的数据列表，每一列数据都要有列标题。Excel 使用列标题来决定如何创建数据组以及如何计算总和。

在建立的分类汇总工作表中，数据是分级显示的，并在左侧上方显示级别，单击相应的级别，即可显示或隐藏该级别的明细数据。

11.7 综合实战——制作现金流量分析表

📽 本节视频教学录像：6 分钟

现金流量是指现金流入与现金流出的差额，可能是正数，也可能是负数。如果是正数，则为净流入；如果是负数，则为净流出。现金流量分析表反映了企业各类活动形成的现金流量的最终结果，即企业在一定时期内，是现金流入大于现金流出，还是现金流出大于现金流入。是衡量企业现金流动的一个重要指标，本节制作一个现金流量分析表。

【案例效果展示】

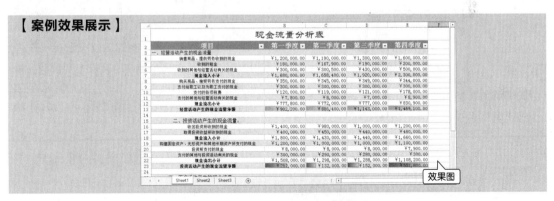

效果图

【案例涉及知识点】

- 设置表格样式
- 数据的筛选
- 数据的排序
- 使用条件格式

【操作步骤】

第 1 步：设置表格样式

在制作现金流量分析表之前，首先需要设置表的样式，如设置字体和套用表格样式等，使表格工整、美观。

❶ 打开随书光盘中的"素材 \ch11\ 现金流量分析表 .xlsx"文件。单击 A1 单元格，设置【字体】为"华文隶书"，【字号】为"24"，【字体颜色】为"红色"；单击 A2:E2 单元格区域，设置【字号】为"16"，并设置【居中】显示。

❷ 选择 A2:E36 单元格区域，单击【开始】选项卡下【样式】选项组中的【套用表格格式】按钮，在弹出的下拉列表中选择一种表格格式。

❸ 弹出【套用表格式】对话框，单击【确定】按钮。

❹ 即可为表格添加样式，表格标题行则自动出现【筛选】按钮。

第 2 步：数据的筛选

用户可以根据需要筛选数据。

❶ 选择 B13 单元格，输入公式"=B7-B12"，按【Enter】键即可算出第一季度经营活动产生的现金流量净额。

❷ 使用填充柄填充 C13:E13 单元格区域。

❸ 重复步骤❶~❷，计算投资活动产生的现金流量净额、筹资活动产生的现金流量净额以及现金及现金等价物净增加额。

❹ 单击 A2 单元格右侧的下拉按钮 ▼，在弹出的下拉列表中撤销选中【全选】复选框，单击选中【收到的租金】、【收回投资所收到的现金】和【投资所支付的现金】复选框，单击【确定】按钮。

⑤ 筛选后的结果如下图所示。

筛选结果

⑥ 单击 B2 单元格右侧的下拉按钮 ▼，在弹出的下拉列表中选择【降序】选项，表格中的内容即以降序的形式显示。

降序排序

第 3 步：使用条件格式

使用条件格式可以突出显示重要数据。

❶ 选择单元格 B13:E13 单元格区域。

选择单元格区域

至此，现金流量分析表就制作完成了。

❷ 单击【开始】选项卡下【样式】选项组中的【条件格式】按钮 ，在弹出的下拉列表中选择【数据条】▶【黄色数据条】选项。

❸ 经营活动产生的现金流量净额就以红色数据条显示。

显示效果

❹ 为其他单元格区域添加数据条，保存制作好的现金流量分析表，如下图所示。

最终效果

高手私房菜

本节视频教学录像：5 分钟

技巧 1：使用合并计算核对多表中的数据

在下面的数据中，核对"销量 A"和"销量 B"是否一致的具体操作步骤如下。

	A	B	C	D	E	F
1	物品	销量A		物品	销量B	
2	电视机	8579		电视机	8579	
3	笔记本	4546		笔记本	3562	
4	显示器	13215		显示器	13215	
5	台式机	12546		台式机	15621	
6						
7			判断 B 列、E 列是否一致			

❶ 选择 G1 单元格，单击【数据】选项卡下【数据工具】选项组中的【合并计算】按钮，弹出【合并计算】对话框，添加 A1:B5 和 D1:E5 两个单元格区域，并单击选中【首行】和【最左列】两个复选框。

❷ 单击【确定】按钮，得到合并结果。

❸ 在 J2 单元格中输入 "=H2=I2"，按【Enter】键确认。

❹ 使用填充柄填充 J3:J5 单元格区域，显示 "FALSE" 表示 "销量 A" 和 "销量 B" 中的数据不一致。反之，显示 "TURE" 表示数据相等。

技巧 2：按照笔划排序

默认情况下，Excel 对汉字的排序方式是按照 "字母" 顺序的，用户还可以根据需要，按照笔画顺序进行排序，具体的操作步骤如下。

❶ 打开随书光盘中的 "素材 \ch11\ 学生成绩表 .xlsx" 文件。

❷ 单击【数据】选项卡下【排序和筛选】选项组中的【排序】按钮，弹出【排序】对话框。在对话框中选择【主要关键字】为 "姓名"，【次序】为 "升序"。

❸ 单击【排序】对话框中的【选项】按钮，在弹出的【排序选项】对话框中单击选中【笔划排序】单选项，单击【确定】按钮。

❹ 返回【排序】对话框，单击【确定】按钮。排序结果如下图所示。

第12章

数据透视表与数据透视图

本章视频教学录像：23 分钟

高手指引

数据透视表和数据透视图可以清晰地展示出数据的汇总情况，对于数据的分析、决策可以起到至关重要的作用。本章介绍创建数据透视表和透视图的方法。

重点导读

- ✚ 了解数据准备的方法
- ✚ 掌握创建、编辑与美化数据透视表的方法
- ✚ 掌握创建、编辑与美化数据透视图的方法

12.1 数据准备

本节视频教学录像：3 分钟

数据透视表是一种对大量数据快速汇总和建立交叉列表的交互式动态格式，能够帮助用户分析、组织现有数据，是 Excel 中的数据分析利器。

(1) Excel 数据列表

Excel 数据列表是最常用的数据源。如果以 Excel 数据列表作为数据源，则标题行不能有空白单元格或者合并单元格，否则不能生成数据透视表，会出现如图所示的错误提示。

(2) 外部数据源

文本文件 Microsoft SQL Server 数据库、Microsoft Access 数据库、dBASE 数据库等均可作为数据源。Excel 2013 还可以利用 Microsoft OLAP 多维数据集创建数据透视表。

(3) 多个独立的 Excel 数据列表

数据透视表可以将多个独立的 Excel 表格中的数据汇总到一起。

(4) 其他数据透视表

创建完成的数据透视表也可以作为数据源来创建另外一个数据透视表。

在实际工作中，用户的数据往往是以二维表格的形式存在的，如下左图所示。这样的数据表无法作为数据源创建理想的数据透视表。只能把二维的数据表格转换为如下右图所示的一维表格，才能作为数据透视表的理想数据源。数据列表就是指这种以列表形式存在的数据表格。

只有做好数据准备工作，才能顺利创建数据透视表，并充分发挥其作用。

12.2 数据透视表

本节视频教学录像：7 分钟

数据透视表实际上是从数据库中生成的动态总结报告，其最大的特点就是具有交互性。创建透视表后，可以任意地重新排列数据信息，并且可以根据需要对数据进行分组。

12.2.1 创建数据透视表

使用数据透视表可以深入分析数值数据，创建数据透视表的具体操作步骤如下。

❶ 打开随书光盘中的"素材\ch12\成绩表.xlsx"文件，选择 A1:D21 单元格区域。

选择单元格区域

❷ 单击【插入】选项卡下【表格】选项组中【数据透视表】按钮 📊 。

❸ 弹出【创建数据透视表】对话框。在【请选择要分析的数据】区域单击选中【选择一个表或区域】单选项，在【表/区域】文本框中设置数据透视表的数据源，再在【选择放置数据透视表的位置】区域单击选中【新工作表】单选项，最后单击【确定】按钮。

❹ 弹出数据透视表的编辑界面，工作表中会出现数据透视表，在其右侧是【数据透视表字段】窗格。在功能区会出现【数据透视表工具】的【选项】和【设计】两个选项卡。

【数据透视表字段】窗格

❺ 将"语文"和"数学"字段拖曳到【Σ值】中，将"性别"和"姓名"字段分别拖曳到【行】标签中，注意顺序，添加报表字段后的效果如下图所示。

添加报表字段

❻ 创建的数据透视表如下图所示。

创建的数据透视表

行标签	求和项:语文	求和项:数学
男	923	679
李四	100	20
史丹	10	77
王刚	80	54
王哈	96	32
王书磊	99	100
王五	62	30
张开	100	96
张三	100	51
张帅	98	86
张爽	78	68
赵阳	100	65
女	763	839
段凤英	100	99
郭娜	100	98
李丽	70	98
李娜	63	78
刘云	98	100
王丽	96	100
杨柳	40	68
杨艳霞	100	98
张晓	96	100
总计	1686	1518

12.2.2 编辑数据透视表

创建数据透视表以后，还可以编辑创建的数据透视表，对数据透视表的编辑包括修改其布局、添加或删除字段、格式化表中的数据以及对透视表进行复制和删除等操作。

1. 添加或删除源数据

创建数据透视表后，可以通过添加或删除数据源数据来编辑数据透视表。

❶ 选择 12.2.1 小节中创建的数据透视表，单击右侧【行标签】列表中的【姓名】按钮，在弹出的下拉列表中选择【删除字段】选项；或直接撤消选中【选择要添加到报表的字段】区域中的【姓名】复选框。

> **提示** 选择标签中字段名称，并将其拖曳到窗口外，也可以删除该字段。

❷ 删除数据源后效果如图所示。

❸ 在【选择要添加到报表的字段】列表中单击选中要添加字段前的复选框，将其直接拖曳字段名称到字段列表中，即可完成数据的添加。

2. 修改数据透视表中的数据

还可以在数据透视表中增加计算类型来更改数据透视表中的数据。

❶ 选择 12.2.1 小节中创建的数据透视表，单击右侧【Σ值】列表中的【求和项：语文】按钮，在弹出的下拉列表中选择【值字段设置】选项。

❷ 弹出【值字段设置】对话框，可以更改其汇总的方式，此处在【计算类型】列表中选择【平均值】选项，单击【确定】按钮。

❸ 即可看到添加求和项后的效果。

> **提示** 双击添加的"求和项：数学"单元格，将会弹出【值字段设置】对话框，在其中可更改其汇总的方式。

12.2.3 美化数据透视表

创建并编辑好数据透视表后，可以对它进行美化，使其看起来更加美观。

❶ 选中数据透视表，单击【数据透视表工具】▶【设计】选项卡下【数据透视表样式】选项组中的任意选项，即可更改数据透视表样式。

❷ 选中数据透视表中的单元格区域A4:C25，单击鼠标右键，在弹出的快捷菜单中选择【设置单元格格式】选项。

❸ 弹出【设置单元格格式】对话框，单击【填充】选项卡，在【图案颜色】下拉列表中选择"金色，着色4，淡色60%"，在【图案样式】下拉列表中选择"细，对角线，剖面线"，然后单击【确定】按钮。

❹ 即可填充单元格，效果如图所示。

12.3 数据透视图

本节视频教学录像：5分钟

与数据透视表一样，数据透视图也是交互式的。创建数据透视图时，筛选的数据透视图将显示在图表区。当改变相关联的数据透视表中的字段布局或数据时，数据透视图也会随之发生变化。

12.3.1 创建数据透视图

创建数据透视图的方法与创建数据透视表类似，具体操作步骤如下。

❶ 在 12.2.3 小节的结果文件中，选择任意一个单元格。

❷ 单击【插入】选项卡下【图表】选项组中【数据透视图】按钮，在弹出的下拉列表中选择【数据透视图】选项。

提示 创建数据透视图时，不能使用 XY 散点图、气泡图和股价图等图表类型。

❸ 弹出【插入图表】对话框，在左侧的【所有图表】列表中单击【柱形图】选项，在右侧选择【簇状柱形图】选项，然后单击【确定】按钮。

❹ 即可创建一个数据透视图，当鼠标在图表区变为 形状时，按住鼠标左键拖曳可调整数据透视图到合适位置，如下图所示。

12.3.2 编辑数据透视图

创建数据透视图以后，就可以对其进行编辑了。对数据透视图的编辑包括修改其布局、数据在透视图中的排序、数据在透视图中的显示等。

修改数据透视图的布局，从而重组数据透视图的具体操作步骤如下。

❶ 单击【图表区】中【性别】后的按钮，在弹出的快捷菜单中撤消选中【女】复选框，然后单击【确定】按钮。

❷ 单击【图表区】中【姓名】后的按钮，在弹出的快捷菜单中选择【其他排序选项】选项，然后单击【确定】按钮。

❸ 在弹出的【排序（姓名）】对话框中，单击选中【升序排序（A 到 Z）依据】单选项，在其下拉列表中选择【平均值：数学】选项，单击【确定】按钮。

❹ 效果如图所示，可以看到数据透视图和数据透视表都按照数学平均值项重新排序。

> **提示**　用户还可以根据需要在打开的【数据透视图工具】➤【设计】和【分析】选项卡下编辑数据透视图。

12.3.3 编辑数据透视图

创建数据透视图并编辑好以后，可以对数据透视图进行美化，使其看起来更加美观。

❶ 选中图表区，当鼠标指针变为 形状时，按住鼠标左键拖曳，调整图表区的大小如图所示。

❷ 单击【数据透视图工具】➤【设计】选项卡下【图表样式】选项组中的 ▼ 按钮，在弹出的下拉列表中选择【样式 12】选项。

❸ 单击【数据透视图工具】➤【格式】选项卡下【形状样式】选项组中的 ▼ 按钮，在弹出的下拉列表中选择【细微效果 - 绿色，强调颜色 6】选项。

❹ 最终效果如下图所示。

12.4 综合实战——制作日常现金流水账簿

本节视频教学录像：6 分钟

日常现金流水账簿是指每天记录金钱或货物出入的、不分类别的账目记录，从中我们可以清楚地看到账目记录，以便于查找不足，开源节流。

【案例效果展示】

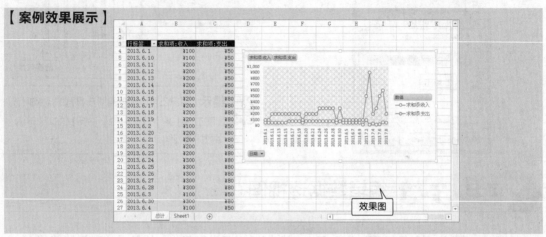

效果图

【案例涉及知识点】

- 创建数据透视表及数据透视图
- 设置数据透视表样式
- 美化数据透视图

【操作步骤】

第 1 步：创建数据透视表及数据透视图

制作日常现金流水账簿，最重要的作用就是分析日常生活中的现金来往情况及变化幅度，因此，首先需要创建数据透视表和数据透视图。

❶ 打开随书光盘中的"素材 \ch12\ 日常现金流水账簿表 .xlsx"文件，任意选择一个单元格，单击【插入】选项卡下【图表】组中的【数据透视图】按钮 的下拉按钮，在弹出的下拉列表中选择【数据透视表和数据透视图】选项。

❷ 弹出【创建数据透视表及数据透视图】对话框，在【请选择要分析的数据】区域中单击选中【选择一个表或区域】单选项，在【表 / 区域】文本框中设置数据透视表的数据源；然后单击选中【选择放置数据透视表及数据透视图的位置】区域的【新工作表】单选项。

❸ 单击【确定】按钮，即可在新工作表中创建数据透视表和数据透视图编辑区域。

插入数据透视表和数据透视图编辑区域

❹ 在【数据透视表字段】窗格中，将【日期】字段添加到【轴（类别）】区域，将【收入】和【支出】字段添加到【Σ值】区域，最后效果如图所示。

插入的数据透视表和数据透视图

❺ 单击【数据透视表字段】窗格右上角的关闭按钮，关闭该窗格，然后将此工作表的标签重命名"总计"。

重命名工作表

第 2 步：设置数据透视表样式

本节主要涉及设置数据透视表样式、设置数据格式等内容。

❶ 在"总计"工作表中选择任一单元格，单击【设计】选项卡下【数据透视表样式】组中的 ▽ 按钮，在弹出的样式列表中选择一种样式。

单击

❷ 在"数据透视表"中双击【求和项：收入】单元格，弹出【值字段设置】对话框，单击【数字格式】按钮。

单击

❸ 弹出【设置单元格格式】对话框，在【分类】列表框中选择【货币】选项，将【小数位数】设置为"0"，【货币符号】设置为"¥"，单击【确定】按钮。

1.选择　2.设置　3.单击

❹ 即可将数据透视表中的"数值"格式更改为"货币"格式，使用同样的方法使【求和项：支出】列也更改为"货币"格式。

修改数值格式

第3步：美化数据透视图

本节主要涉及更改图表类型、设置数据透视图样式等内容。

❶ 选择数据透视图中的绘图区，单击鼠标右键，在弹出的快捷菜单中选择【更改图表类型】选项。

❷ 弹出【更改图表类型】对话框，此处选择【折线图】选项组中的【折线图】选项，单击【确定】按钮。

❸ 选中更改类型后数据透视图，单击【数据透视图工具】➤【设计】选项卡下【图表样式】组中的按钮，在弹出的下拉列表中选择一种图表样式，即可为数据透视图应用该样式。

❹ 最终效果如下图所示。

至此，日常现金流量账簿数据透视表和数据透视图就制作完成了。

高手私房菜

本节视频教学录像：2分钟

技巧：移动数据透视表

移动数据透视表的具体操作步骤如下。

❶ 选择整个数据透视表，单击【分析】选项卡下【操作】选项组中的【移动数据透视表】按钮，弹出【移动数据透视表】对话框。

❷ 选择放置数据透视表的位置后，单击【确定】按钮，即可将数据透视表移动到新位置。

第 4 篇

PowerPoint 2013 篇

第

13 章

基本 PPT 的制作

本章视频教学录像：49 分钟

高手指引

外出做报告，展示的不仅是一种技巧，还是一种精神面貌。有声有色的报告常常会令听众惊叹，并能使报告达到最佳效果。若要做到这一步，制作一个优秀的幻灯片是基础。

重点导读

+ 掌握创建和处理 PPT 的方法
+ 掌握添加和编辑文本的方法
+ 掌握设置文本格式的方法
+ 掌握设置段落格式的方法

13.1 PowerPoint 2013 的工作界面

本节视频教学录像：2 分钟

PowerPoint 2013 的工作界面由【文件】选项卡、快速访问工具栏、标题栏、功能区、【帮助】按钮、账户登录、工作区、缩略图、状态栏和视图栏等组成，如下图所示。

13.2 创建和处理 PPT

本节视频教学录像：7 分钟

利用 PowerPoint 2013 可以轻松地创建和处理 PPT 演示文稿，掌握创建演示文稿方法和管理幻灯片的操作是制作优秀幻灯片的基础。

13.2.1 利用【空白演示文稿】命令

启动 PowerPoint 2013 软件之后，PowerPoint 2013 会提示创建什么样的 PPT 演示文稿，并提供模板供用户选择，单击【空白演示文稿】命令即可创建一个空白演示文稿。

❶ 启动 PowerPoint 2013，弹出如图所示的 PowerPoint 界面，单击【空白演示文稿】选项。

❷ 新建空白演示文稿如图所示。

199

13.2.2 使用模板

PowerPoint 2013 中内置有大量联机模板，可在设计不同类别的演示文稿的时候选择使用，既美观漂亮，又节省了大量时间。

❶ 在【文件】选项卡下，单击【新建】选项，在右侧【新建】区域显示了多种 PowerPoint 2013 的联机模板样式。

> **提示** 在【新建】选项下的文本框中输入联机模板或主题名称，然后单击【搜索】按钮 🔍 即可快速找到需要的模板或主题。

❷ 选择相应的联机模板，即可弹出模板预览界面。如单击【环保】命令，弹出【环保】模板的预览界面，选择模板类型，在右侧预览框中可查看预览效果。

❸ 单击【创建】按钮，即可使用联机模板创建演示文稿的操作。

13.2.3 添加幻灯片

添加幻灯片的常见方法有两种：添加新幻灯片和已有的幻灯片。

建立演示文稿后，用户可以添加新幻灯片。具体的操作步骤如下。

单击【开始】选项卡【幻灯片】选项组中的【新建幻灯片】按钮，在弹出的列表中选择【标题幻灯片】选项，新建的幻灯片即显示在左侧的【幻灯片】窗格中。

13.2.4 选择幻灯片

不仅可以选择单张幻灯片，还可以选择连续或不连续的多张幻灯片。

1. 选择单张幻灯片

打开随书光盘中的"素材 \ch13\ 静夜思 .pptx"，单击需要选定的幻灯片即可选择该幻灯片，如下图所示。

要选择多张不连续的幻灯片，则需先按下【Ctrl】键，再分别单击需要选定的幻灯片。

2. 选择多张幻灯片

要选择多张连续的幻灯片，可以在按下【Shift】键的同时，单击需要选定多张幻灯片的第一张和最后一张幻灯片。

13.2.5 更改幻灯片

如果对所添加的幻灯片版式不满意，还可以对其进行修改，具体操作步骤如下。

❶ 选择要更改版式的幻灯片，单击【开始】选项卡下【幻灯片】组中的【幻灯片版式】按钮 ⊞▾。

❷ 在弹出的下拉列表中选择一种幻灯片版式，如选择【两栏内容】版式，则选中的幻灯片就会以【两栏内容】版式显示。

提示 更换已添加内容幻灯片的版式时，添加内容的位置会改变。

13.2.6 删除幻灯片

可以删除不需要的幻灯片，选择要删除的幻灯片，按【Delete】键即可，或者选择要删除的幻灯片并单击鼠标右键，在弹出的快捷菜单中单击【删除幻灯片】菜单命令。

13.2.7 复制幻灯片

用户可以通过以下两种方法复制幻灯片。

1. 利用【复制】按钮

选中幻灯片，单击【开始】选项卡下【剪贴板】组中【复制】按钮后的下拉按钮 📑▾，在弹出的下拉列表中单击【复制（C）】菜单命令，即可复制所选幻灯片。

2. 利用【复制】菜单命令

在目标幻灯片上单击鼠标右键，在弹出的快捷菜单中单击【复制】菜单命令，即可复制所选幻灯片，如下图所示。

13.2.8 移动幻灯片

用户可以通过移动幻灯片的方法改变幻灯片的位置，单击需要移动的幻灯片并按住鼠标左键，拖曳幻灯片至要移动到的位置，松开鼠标左键即可。此外，通过剪切并粘贴的方式也可以移动幻灯片。

13.3 添加和编辑内容

本节视频教学录像：8 分钟

演示文稿的内容一定要简要，并且重点突出。在 PowerPoint 2013 中，可以将文字以多种简便灵活的方式添加至幻灯片中。

13.3.1 使用文本框添加文本

文本框有横排文本框和竖排文本框两种，根据不同情况，可插入不同文本框。

1. 横排文本框

使用横排文本框添加文本的具体操作步骤如下。

❶ 在演示文稿中，单击【插入】选项卡下【文本】组中的【文本框】按钮下方的下拉按钮，在弹出的菜单中，选择【横排文本框】选项。

❷ 当鼠标变为向下箭头↓时，按住鼠标左键并拖曳，在幻灯片中绘制横排文本框至合适大小松开鼠标左键，完成横排文本框绘制，并在文本框中输入文本即可。

2. 垂直文本框

使用垂直文本框添加文本的具体操作步骤如下。

❶ 在演示文稿中，单击【插入】选项卡下【文本】组中的【文本框】按钮下方的下拉按钮，在弹出的菜单中，选择【垂直文本框】选项。

❷ 当鼠标变为向下箭头↓时，按住鼠标左键并拖曳，在幻灯片中绘制垂直文本框，在文本框中输入文本即可。

13.3.2 使用占位符添加文本

幻灯片中的"单击此处添加标题"以及"单击此处添加副标题"等文本框，均称为"文本占位符"。

在文本占位符中输入文本是最基本、最方便的一种输入方式。在文本占位符上单击即可输入文本。同时，输入的文本会自动替换文本占位符中的提示性文字。

13.3.3 选择文本

通过鼠标可以选择幻灯片中的任意文本内容，具体操作步骤如下。

❶ 打开随书光盘中的"素材\ch13\静夜思.pptx"文件，将鼠标光标定位在要选择文本的开始位置。

❷ 按住鼠标左键并拖曳，这时选中的文本会以阴影的形式显示，选择完成，释放鼠标左键，鼠标光标经过的文字就被选定了，单击幻灯片的空白区域，即可取消文本的选择。

提示 在幻灯片中选择文本与在 Word 中选择文本的方法类似，这里不再赘述。

 13.3.4 移动文本

将文本内容移动至其他位置，可以使用功能选项区的菜单命令来实现，也可以使用快捷键进行文本的移动，在移动文本之前需要选中文本内容。将鼠标光标放置在要移动的文本内容之前，按下鼠标左键不放，拖动鼠标至文本内容最后，松开鼠标即可。

❶ 打开随书光盘中的"素材\ch13\静夜思.pptx"文件，选择要移动的文本，如选中"诗词大意"幻灯片中的文本内容，单击【开始】选项卡【剪贴板】下组中的【剪切】按钮，或者按【Ctrl+X】组合键。

❷ 将文本插入点定位于要插入移动文本的位置，如定位在"诗词鉴赏"幻灯片中的文本内容最后，单击【开始】选项卡下【剪贴板】选项组中的【粘贴】按钮，或者按【Ctrl+V】组合键即可。

❸ 移动文本后的效果如下图所示。

移动后的文本

13·3·5 复制、粘贴文本

在 PowerPoint 2013 中，复制与粘贴文本的具体操作步骤如下。

❶ 打开随书光盘中的"素材 \ch13\ 静夜思.pptx"文件，在第 3 张幻灯片页面中选择要复制的文本内容，单击【开始】选项卡【剪贴板】选项组中的【复制】按钮，或者按【Ctrl+C】组合键。

复制幻灯片

❷ 将鼠标光标定位在第 2 张幻灯片页面要粘贴文本的位置，单击【开始】选项卡【剪贴板】选项组中的【粘贴】按钮，或者按【Ctrl+V】组合键即可。

粘贴后的文本

13·3·6 删除文本

不需要的文本内容可以将其删除，删除文本的具体操作步骤如下。

❶ 选中需要删除的文本内容。

选中需要删除的文本

❷ 按【Delete】键或【Backspace】键即可将其删除。

删除文本后的效果

13.3.7 恢复文本

如果不小心将不该删除的文本删除了，按【Ctrl+Z】组合键或单击快速访问工具栏中的【撤消】按钮 ↩ ，即可恢复删除的文本；撤消后，若又希望恢复操作，则可按【Ctrl+Y】组合键或单击快速访问工具栏中的【恢复】按钮 ↪ ，恢复文本。

13.4 设置字体格式

🎬 本节视频教学录像：5 分钟

在幻灯片中添加文本后，设置文本的格式，如设置字体及颜色、字符间距、使用艺术字等，不仅可以使幻灯片页面布局更加合理、美观，还可以突出文本内容。

13.4.1 设置字体及颜色

PowerPoint 默认的【字体】为"宋体"，【字体颜色】为"黑色"，在【开始】选项卡下的【字体】组中或【字体】对话框中【字体】选项卡中可以设置字体、字号以及字体颜色等，具体操作步骤如下。

❶ 选中修改字体的文本内容。

❷ 单击【开始】选项卡下【字体】组中的【字体】按钮的下拉按钮 ⌄，在弹出的下拉列表中选择【方正楷体简体】选项。

❸ 单击【开始】选项卡下【字体】组中的【字号】按钮的下拉按钮，在弹出的下拉列表中选择【40】选项。

❹ 单击【开始】选项卡下【字体】组中的【字体颜色】按钮的下拉按钮 ⌄，在弹出的下拉列表中选择【红色】选项。

⑤ 最终效果如下图所示。

提示 单击【开始】选项卡下【字体】组中的【字体】按钮，在弹出的【字体】对话框中也可以设置字体及字体颜色。

13.4.2 设置字体间距

在幻灯片中，文本内容只是单一的间距看上去会比较枯燥，接下来介绍如何设置字体间距，具体操作步骤如下。

❶ 选中需要设置字体间距的文本内容，单击【开始】选项卡下【字体】组中的【字体】按钮。

❷ 打开【字体】对话框，选择【字体间距】选项卡，在【间距】下拉列表中选择【加宽】选项，设置度量值为"10 磅"，单击【确定】按钮。

❸ 字体间距为"加宽，10磅"的效果如图所示。

13.4.3 使用艺术字

艺术字与普通文字相比，有更多的颜色和形状可以选择，表现形式多样化，在幻灯片中插入艺术字可以达到锦上添花的效果。利用 PowerPoint 2013 中的艺术字功能插入装饰文字，可以创建带阴影的、映像的和三维格式等艺术字，也可以按预定义的形状创建文字。

❶ 创建一个空白演示文稿，将幻灯片中的文本占位符删除，在【插入】选项卡的【文本】选项组中单击【艺术字】按钮，在弹出的【艺术字】下拉列表中，单击选择"渐变填充 - 蓝色，着色 1，反射"选项。

❷ 在演示文稿选定的幻灯片中即可自动插入一个艺术字框。

插入的艺术字框

❸ 单击该框，将框内预定的文字删除，并输入需要的文字内容，如这里输入"有志者事竟成"，然后单击工作表中其他空白地方，即可完成艺术字的添加。

输入文字内容

❹ 选中艺术字，单击【绘画工具】下【格式】选项卡下【形状样式】选项组中的【其他】按钮，在弹出的下拉列表中选择【强烈效果 - 金色，强调颜色 4】样式。

选择

❺ 设置后的最终效果如图所示。

最终效果

13.5 设置段落格式

本节视频教学录像：8 分钟

设置幻灯片中的段落格式，可以使幻灯片内容整齐、美观。

13.5.1 对齐方式

段落对齐方式包括左对齐、右对齐、居中对齐、两端对齐和分散对齐等。不同的对齐方式可以达到不同的效果。

❶ 选中需要设置对齐方式的段落，单击【开始】选项卡【段落】选项组中的【居中对齐】按钮☰，效果如图所示。

❷ 还可以修改其段落对齐方式，将光标定位在段落中，单击【开始】选项卡【段落】选项组中的【段落】按钮☐，弹出【段落】对话框，在【常规】区域的【对齐方式】下拉列表中选择【分散对齐】选项，单击【确定】按钮。

❸ 设置后的效果如图所示。

> **提示**　在【开始】选项卡【段落】选项组中单击相应的按钮，即可设置不同的段落对齐方式，功能按钮分别为左对齐按钮☰、右对齐按钮☰、居中对齐按钮☰、两端对齐按钮☰和分散对齐按钮☷。

13.5.2 段落文本缩进

段落缩进指的是段落中的行相对于页面左边界或右边界的位置，段落文本缩进的方式有首行缩进、文本之前缩进和悬挂缩进 3 种。设置段落文本缩进的具体操作步骤如下。

❶ 将光标定位在要设置的段落中，单击【开始】选项卡【段落】选项组右下角的☐按钮。

❷ 弹出【段落】对话框，在【缩进和间距】选项卡下【缩进】区域中单击【特殊格式】右侧的下拉按钮，在弹出的下拉列表中选择【首行缩进】选项，并设置度量值为"2 厘米"，单击【确定】按钮。

❸ 设置后的效果如图所示。

13.5.3 段间距和行距

段落行距包括段前距、段后距和行距等。段前距和段后距指的是当前段与上一段或下一段之间的间距，行距指的是段内各行之间的距离。

1. 设置段间距

段间距是段与段之间的距离。设置段间距的具体操作步骤如下。

❶ 选中要设置的段落，单击【开始】选项卡【段落】选项组右下角的 按钮。

❷ 在弹出的【段落】对话框中的【间距】区域中，在【段前】和【段后】微调框中输入具体的数值即可，如输入"10"，单击【确定】按钮。

2. 设置行距

设置行距的具体操作步骤如下。

❶ 将鼠标光标定位在需要设置间距的段落中，单击【开始】选项卡【段落】选项组右下角的 按钮。弹出【段落】对话框，在【间距】区域中【行距】下拉列表中选择【双倍行距】选项，然后单击【确定】按钮。

❸ 设置后的效果如图所示。

❷ 设置双倍行距后的效果如图所示。

> **提示** 行距分为单倍行距、1.5倍行距、双倍行距、固定值和多倍行距等5种类型。

13.5.4 添加项目符号或编号

添加项目符号或编号也是美化幻灯片的一个重要手段，精美的项目符号、统一的编号样式可以使单调的文本内容变得更生动、专业。

1. 添加项目符号

添加项目符号的具体操作步骤如下。

❶ 选中需要添加项目符号的文本内容。

❷ 单击【开始】选项卡下【段落】组中的【项目符号】按钮右侧的下拉箭头，弹出项目符号下拉列表，选择相应的项目符号，即可将其添加到文本中。

❸ 添加项目符号后的效果如图所示。

 提示 在【项目符号和编号】对话框中的【项目符号】中可自定义项目符号的图案。

2. 添加编号

添加编号的具体操作步骤如下。

❶ 打开随书光盘中的"素材\ch13\静夜思.pptx"文件，选择第 3 张幻灯片，选中幻灯片中需要添加编号的文本内容，单击【开始】选项卡下【段落】组中的【编号】按钮右侧的下拉箭头，在弹出的下拉列表中，单击【项目符号和编号】选项。

❷ 弹出【项目符号和编号】对话框，在【编号】选项卡下，选择相应的编号，单击【确定】按钮。

❸ 最终效果如图所示。

诗词鉴赏

① 床前明月光，
② 疑是地上霜，
③ 举头望明月　　添加编号后
④ 低头思故乡　　的效果

13·5·5　文字方向

在 PowerPoint 2013 演示文稿中，可以设置文字方向为竖排，或者是按照特定的角度排列。将鼠标光标定位在文本内容中，单击【开始】选项卡下【段落】组中的【文字方向】按钮，在弹出的下拉列表中选择【竖排】选项即可。

文字方向变
为竖排

13.6 综合实战——制作岗位竞聘演示文稿

本节视频教学录像：15分钟

通过竞聘上岗，可以增大选人、用人的渠道。而精美的岗位竞聘演示文稿，可以让竞聘者在演讲时，能够最大限度地介绍自己，让监考官能够全方面地了解竞聘者的实际情况。

【案例效果展示】

效果图

【案例涉及知识点】

- 编辑幻灯片
- 添加和编辑文本
- 设置文本和段落格式
- 添加项目符号和编号

【操作步骤】

第 1 步：制作首页幻灯片

本节主要涉及幻灯片的一些基本操作，如选择主题、设置幻灯片大小和设置字体格式等内容。

❶ 启动 PowerPoint 2010，在【设计】选项卡下单击【其他】按钮，在弹出的【所有主题】中单击选择一种主题。

❷ 选择主题之后，将其保存为"岗位竞聘演示文稿.pptx"，单击【设计】选项卡下【自定义】组中的【幻灯片大小】按钮，在弹出的列表中选择【宽屏】选项，效果如图所示。

❸ 单击【单击此处添加标题】文本框，在文本框中输入"注意细节，抓住机遇"，并设置标题【字体】为"宋体"，【字号】为"72"，【字体颜色】为"橙色"，【对齐方式】为"居中对齐"，并设置及加粗显示。

❹ 单击【单击此处添加副标题】文本框，在副标题中输入如图所示文本内容，并设置【字体】为"方正姚体"，【字号】为"28"，【对齐方式】为"右对齐"。

第 2 步：制作岗位竞聘幻灯片

本节主要涉及添加幻灯片、设置字体格式和添加编号等内容。

❶ 添加一张空白幻灯片，在幻灯片中插入横排文本框，输入如下图所示的文本内容，设置其【字体】为"宋体"，【字号】为"44"，【字体颜色】为"紫色"。

❷ 选中文本内容，单击【开始】选项卡下【段落】组中的【编号】按钮右侧的下拉箭头，在弹出的下拉列表中选择样式为"一、二、三……"的编号。

❸ 添加一张标题幻灯片，在标题文本框中输入"一、主要工作经历"，打开随书光盘中的"素材 \ch13\ 工作经历 .txt"将其文本内容粘贴至副标题文本框中，并设置标题字号为"36"，副标题文本字体为"楷体"，字号为"32"，首行缩进"1 厘米"，段前为"10 磅"，行距为"双倍行距"，如图所示。

❹ 添加一张标题幻灯片，在标题文本框中输入"二、对岗位的认识"，打开随书光盘中的"素材 \ch13\ 岗位认识 .txt"将其文本内容粘贴至副标题文本框中，并设置标题字号为"36"，副标题文本字体为"楷体"，字号为"24"，首行缩进"1.8 厘米"，段前为"10 磅"，行距为"双倍行距"，如图所示。

❺ 添加一张标题幻灯片，在标题文本框中输入"三、自身的优略势"，打开随书光盘中的"素材 \ch13\ 自身的优略势 .txt"将其文本内容粘贴至副标题文本框中，并设置标题字号为"36"，副标题文本字体为"楷体"，字号为"30"，首行缩进"1.8 厘米"，段前为"10 磅"，行距为"多倍行距"，并设置值为"1.8"，如图所示。

❻ 添加一张标题幻灯片，在标题文本框中输入"四、本年度工作目标"，打开随书光盘中的"素材 \ch13\ 本年度工作目标 .txt"将其文本内容粘贴至副标题文本框中，并设置标题字号为"36"，副标题文本字体为"楷体"，字号为"32"，悬挂缩进"0.64 厘米"，段前为"10 磅"，行距为"多倍行距"，并设置值为"1.2"，如图所示。

❼ 添加一张标题幻灯片，在标题文本框中输入"五、实施计划"，打开随书光盘中的"素材 \ch13\ 实施计划 .txt"将其文本内容粘贴至副标题文本框中，并设置标题字号为"36"，副标题文本字体为"楷体"，字号为"32"，悬挂缩进"0.64 厘米"，段前为"10 磅"，行距为"多倍行距"，并设置值为"1.2"，如图所示。

❽ 选中副标题文本内容，单击【开始】选项卡【段落】组中【项目符号】按钮 ≔ 右侧的下拉箭头，在弹出的下拉列表中选择一种项目符号。

输入文本内容

第 3 步：制作结束幻灯片

本节主要涉及添加幻灯片、设置字体格式等内容。

❶ 添加一张空白幻灯片，并插入横排文本框，输入如图所示的文本内容，选中文本内容，设置其字号为"72"，单击【开始】选项卡下，【字体】组中的【加粗】按钮 B 和【文字阴影】按钮 S，单击【段落】组中的【居中】按钮 ≡，将其居中对齐，如图所示。

❷ 添加一张空白幻灯片，插入垂直文本框，输入"谢谢"，并设置其字体为"宋体"，字号为"96"，加粗，字体颜色为"橙色"。

输入文本内容

至此，岗位竞聘演示文稿就制作完成了。

高手私房菜

📽 本节视频教学录像：4 分钟

技巧 1：同时复制多张幻灯片

在同一演示文稿中不仅可以复制一张幻灯片，还可以一次复制多张幻灯片，其具体操作步骤如下。

❶ 打开随书光盘中的"素材 \ch13\ 静夜思 .pptx"文件。

❷ 在左侧的【幻灯片】窗格中单击第 1 张幻灯片，按住【Shift】键的同时单击第 3 张幻灯片即可将前 3 张连续的幻灯片选中。

素材文件

选中前 3 张幻灯片

❸ 在【幻灯片】窗格中选中的幻灯片缩略图上单击鼠标右键，在弹出的快捷菜单中选择【复制幻灯片】选项。

❹ 系统即可自动复制选中的幻灯片。

复制的幻灯片

提示 在【幻灯片】窗格中单击一张要复制的幻灯片，然后在按住【Ctrl】键的同时单击其他幻灯片缩略图即可选中多张不连续的幻灯片。

技巧 2：保存幻灯片中的特殊字体

有时候将制作好的幻灯片复制到演示现场进行播放时，幻灯片中的一些漂亮字体却变成了普通字体，甚至格式变乱，从而严重地影响到演示的效果。此时，可以将幻灯片中的特殊字体保存到幻灯片中。

❶ 打开随书光盘中的"素材 \ch13\ 静夜思 .pptx"文件，单击【文件】选项卡，在弹出的列表中选择【另存为】选项。

❷ 在【另存为】区域，单击【浏览】按钮，选择保存路径，单击下方的【工具】按钮，在弹出的下拉列表中选择【保存选项】选项。

❸ 弹出【PowerPoint 选项】对话框，单击选中【将字体嵌入文件】复选框，之后单击选中【嵌入所有字符（适于其他人编辑）】单选项。

❹ 单击【确定】按钮，返回【另存为】对话框，然后单击【保存】按钮，即可一起保存幻灯片中的字体。

幻灯片的美化

本章视频教学录像：48 分钟

高手指引

在制作幻灯片时，可以通过插入图片、表格和图表等，对幻灯片进行编辑和美化。同时，还可以使用 PowerPoint 提供的精美的设计模板，使幻灯片的内容更加丰富。

重点导读

+ 掌握插入图片、表格、图表等素材的方法
+ 掌握使用主题和内置模板的方法
+ 了解模板视图
+ 掌握编辑幻灯片和设计版式的方法

14.1 插入对象

本节视频教学录像：16 分钟

幻灯片中可用的对象包括表格、图片、相册、自选图形、SmartArt 图形、图表、视频以及音频等。本节介绍在 PPT 中插入对象的方法。

14.1.1 插入表格

在 PowerPoint 2013 中插入表格的方法有利用菜单命令插入表格、利用对话框插入表格和绘制表格三种。

1. 利用菜单命令

利用菜单命令插入表格是最常用的插入表格的方式。利用菜单命令插入表格的具体操作步骤如下。

❶ 在演示文稿中选择要添加表格的幻灯片，单击【插入】选项卡下【表格】选项组中的【表格】按钮，在插入表格区域中选择要插入表格的行数和列数。

❷ 释放鼠标左键即可在幻灯片中创建 5 行 5 列的表格。

2. 利用【插入表格】对话框

用户还可以利用【插入表格】对话框来插入表格，具体操作步骤如下。

❶ 将鼠标光标定位至需要插入表格的位置，单击【插入】选项卡下【表格】选项组中的【表格】按钮，在弹出的下拉列表中选择【插入表格】选项。

❷ 弹出【插入表格】对话框，分别在【行数】和【列数】微调框中输入行数和列数，单击【确定】按钮。

❸ 即可在演示文稿中插入一个表格。

3. 绘制表格

当用户需要创建不规则的表格时，可以使用表格绘制工具绘制表格，具体操作步骤如下。

❶ 单击【插入】选项卡下【表格】选项组中的【表格】按钮，在弹出的下拉列表中选择【绘制表格】选项。

❷ 此时鼠标指针变为 ✐ 形状，在需要绘制表格的地方单击并拖曳鼠标绘制出表格的外边界，形状为矩形。

表格外边框

❸ 在该矩形中绘制行线、列线或斜线，绘制完成后按【Esc】键退出表格绘制模式。

绘制的表格

 14.1.2 插入图片

在制作幻灯片时插入适当的图片，可以达到图文并茂的效果。插入图片的具体操作步骤如下。

❶ 单击【插入】选项卡下【图像】选项组中的【图片】按钮。

❷ 弹出【插入图片】对话框，选中需要的图片，单击【插入】按钮，即可将图片插入幻灯片中。

单击此处添加标题

插入的图片

 14.1.3 插入自选形状

可以利用 PowerPoint 2013 自带的插入自选图形功能根据用户需要插入图形。

❶ 打开 PowerPoint 2013，单击【插入】选项卡下【插图】选项组中的【形状】按钮。

❷ 弹出形状下拉列表，在其中任选一个形状，这里选择"立方体"形状。

❸ 此时鼠标变成 ➕ 形状时，在表格中拖曳鼠标，即可将所选的形状绘制在演示文稿中。

长方体

❹ 在绘制的图像上单击鼠标右键，在弹出的快捷菜单中选择【编辑文字】选项，即可在绘制的立方体上显示鼠标光标，输入文字，并在【开始】选项卡下的【字体】组中设置字体样式。

添加文字后的效果

14.1.4 插入 SmartArt 图形

在制作幻灯片时插入适当的 SmartArt 图形，可使幻灯片内容更形象具体。插入 SmartArt 图形的具体操作步骤如下。

❶ 单击【插入】选项卡下【插图】选项组中的【SmartArt】按钮 ，弹出【选择 SmartArt 图形】对话框，在左侧列表中选择【流程】选项下的【基本蛇形流程】选项，单击【确定】按钮。

❷ 在绘制的流程图中根据需要输入文字，单击空白位置即可完成 SmartArt 图形的插入。

14.1.5 插入图表

图表比文字更能直观地显示数据，插入图表的具体操作步骤如下。

❶ 启动 PowerPoint 2013，新建一个"标题和内容"幻灯片，单击【插入】选项卡下【插图】选项组中的【图表】按钮

❷ 弹出【插入图表】对话框，在左侧列表中选择【饼图】选项下的【三维饼图】选项。

❸ 单击【确定】按钮，会自动弹出 Excel 2013 软件的界面，输入所需要显示的数据，输入完毕后关闭 Excel 表格。

输入数据

❹ 即可在演示文稿中插入一个图表。

插入的图表

14.1.6　插入视频

在 PowerPoint 演示文稿中可以添加视频文件，如添加文件中的视频、添加网络中的视频、添加剪贴画中的视频等。本节以添加文件中的视频为例介绍插入视频的操作，具体操作步骤如下。

❶ 打开演示文稿，选择要添加视频文件的幻灯片。

选择幻灯片

❷ 单击【插入】选项卡下【媒体】选项组中的【视频】按钮，在弹出的下拉列表中选择【PC 上的视频】选项。

❸ 弹出【插入视频文件】对话框，选择随书光盘中的"素材\ch14\视频.avi"文件，单击【插入】按钮。

❹ 所需的视频文件将直接应用于当前幻灯片中，下图所示为预览插入的视频的部分截图。

插入的视频

14.1.7　插入音频

在 PowerPoint 2013 中，既可以添加 PC 上的音频、剪贴画中的音频，使用 CD 中的音乐，还可以自己录制音频并将其添加到演示文稿中。添加 PC 上的音频的具体操作步骤如下。

❶ 新建演示文稿，选择要添加音频文件的幻灯片，单击【插入】选项卡下【媒体】选项组中的【音频】按钮 🔊，在弹出的下拉列表中选择【PC 上的音频】选项。

❷ 弹出【插入音频】对话框，选择随书光盘中的"素材 \ch14\ 声音 .mp3"文件，单击【插入】按钮，所需的音频文件将直接应用于当前幻灯片中，拖动图标调整到幻灯片的合适位置，效果如下图所示。

> **提示** PowerPoint 2013 提供有录制音频的功能，单击【插入】选项卡下【媒体】选项组中的【音频】按钮，在弹出的下拉列表中选择【录制视频】选项，用户可以根据需要录制音频。

14.2 母版视图

🎬 本节视频教学录像：7 分钟

幻灯片母版与幻灯片模板相似，可用于制作演示文稿中的背景、颜色主题和动画等。母版视图包括幻灯片母版视图、讲义母版视图和备注母版视图。

▲ 14.2.1 幻灯片母版视图

在幻灯片母版视图下可以为整个演示文稿设置相同的颜色、字体、背景和效果等。

1. 设置幻灯片母版主题

设置幻灯片母版主题的具体操作步骤如下。

❶ 单击【视图】选项卡下【母版视图】组中的【幻灯片母版】按钮 。在弹出的【幻灯片母版】选项卡中单击【编辑主题】选项组中的【主题】按钮 📊。

❷ 在弹出的列表中选择一种主题样式。

❸ 设置完成后，单击【幻灯片母版】选项卡下【关闭】选项组中的【关闭母版视图】按钮即可 ❎。

2. 设置母版背景

母版背景可以设置为纯色、渐变或图片等效果。具体操作步骤如下。

❶ 单击【视图】选项卡下【母版视图】组中的【幻灯片母版】按钮，在弹出的【幻灯片母版】选项卡中单击【背景】选项组中的【背景样式】按钮 ，在弹出的下拉列表中选择合适的背景样式。

选择

❷ 即可将背景样式应用于当前幻灯片。

应用背景样式效果

3. 设置占位符

幻灯片母版包含文本占位符和页脚占位符。在模板中设置占位符的位置、大小和字体等的格式后，会自动应用于所有幻灯片中。

❶ 单击【视图】选项卡下【母版视图】组中的【幻灯片母版】按钮，进入幻灯片母版视图。单击要更改的占位符，当四周出现小节点时，可拖动四周的任意一个节点更改大小。

拖动改变大小

❷ 在【开始】选项卡下【字体】选项组中设置占位符中的文本的字体、字号和颜色。

设置字体格式

❸ 在【开始】选项卡下【段落】选项组中，设置占位符中的文本的对齐方式等。设置完成，单击【幻灯片母版】选项卡下【关闭】选项组中的【关闭母版视图】按钮即可。

设置段落格式

 提示 设置幻灯片母版中的背景和占位符时，需要先选中母版视图下左侧的第一张幻灯片的缩略图，再进行设置，这样才能一次性完成对演示文稿中所有幻灯片的设置。

14.2.2 讲义母版视图

讲义母版视图可以将多张幻灯片显示在一张幻灯片中，以用于打印输出。

❶ 单击【视图】选项卡下【母版视图】组中的【讲义母版】按钮，进入讲义母版视图。然后单击【插入】选项卡下【文本】选项组中的【页眉和页脚】按钮。

❷ 弹出【页眉和页脚】对话框，选择【备注和讲义】选项卡，为当前讲义母版中添加页眉和页脚效果。设置完成后单击【全部应用】按钮。

 提示 单击选中【幻灯片】选项中的【日期和时间】复选框，或选中【自定义更新】单选项，页脚的日期将会自动与系统的时间保持一致。如果选中【固定】单选项，则不会根据系统时间而变化。

❸ 新添加的页眉和页脚将显示在编辑窗口上。

❹ 单击【讲义母版】选项卡下【页面设置】选项组中的【每页幻灯片数量】按钮，在弹出的下拉列表中选择【4 张幻灯片】选项。

❺ 设置后的效果如下图所示。

14.2.3 备注母版视图

备注母版视图主要用于显示用户在幻灯片中的备注，可以是图片、图表或表格等。

❶ 单击【视图】选项卡下【母版视图】组中的【备注母版】按钮，进入备注母版视图。选中备注文本区的文本，单击【开始】选项卡，在此选项卡的功能区中用户可以设置文字的大小、颜色和字体等。

❷ 单击【备注母版】选项卡下【关闭】选项组中的【关闭母版视图】按钮。

❸ 返回到普通视图，在【备注】窗格中输入要备注的内容。

❹ 输入完成后，单击【视图】选项卡下【演示文稿视图】选项组中的【备注页】按钮，查看备注的内容及格式。

14.3 编辑幻灯片

本节视频教学录像：4 分钟

幻灯片制作完成后，如果对幻灯片的效果不满意，还可以对幻灯片进行编辑，包括更改幻灯片模板、调整幻灯片布局等。

14.3.1　更改幻灯片模板

用户可以通过更改幻灯片的主题样式来更改幻灯片模板，具体操作步骤如下。

❶ 打开随书光盘中的"素材 \ch14\ 产品推广方案 .pptx"文件，单击【设计】选项卡下【主题】选项组中的【其他】按钮，在弹出的下拉列表中选择一种主题样式。

❷ 即可为幻灯片更换模板。

❸ 单击【设计】选项卡下【变体】选项组，选择一种颜色样式。

选择颜色样式

"XX饮品" 推广策划案
制作人：艾XX

❹ 单击【设计】选项卡下【自定义】组中的【设置背景格式】按钮，在弹出的【设置背景格式】窗格中也可以设置主题的背景样式。

1. 单击

"XX饮品" 推广策划案
制作人：艾XX

2.【设置背景格式】窗格

 提示 单击【设计】选项卡下【变体】选项组中的【其他】按钮，可以在弹出的下拉列表中更改主题的颜色、字体、效果和背景样式等。

14.3.2 调整幻灯片布局

有时新建的幻灯片可能不是我们需要的幻灯片格式，这时就需要调整幻灯片的布局。

❶ 新建空白幻灯片，单击【开始】选项卡下【幻灯片】选项组中的【新建幻灯片】按钮下方的下拉按钮，在弹出的下拉列表中选择需要的 Office 主题，即可为幻灯片应用布局。

选择布局样式

❷ 在【幻灯片/大纲】窗格中的【幻灯片】选项卡下的缩略图上单击鼠标右键，在弹出的快捷菜单中选择【版式】选项，从其子菜单中选择要应用的新布局。

1. 单击鼠标右键

2. 选择

14.4 设计版式

本节视频教学录像：7分钟

幻灯片版式设计包括在演示文稿中添加幻灯片编号、备注页编码、日期和时间及水印等内容。

14.4.1 什么是版式

幻灯片版式包含在幻灯片上显示的全部内容的格式设置、位置和占位符。PowerPoint 中包含标题幻灯片、标题和内容、节标题等 11 种内置幻灯片版式。

在 PowerPoint 中使用幻灯片版式的具体操作步骤如下。

❶ 启动 PowerPoint 2013，系统自动创建一个包含标题幻灯片的演示文稿。单击【开始】选项卡下【幻灯片】选项组中的【新建幻灯片】按钮的下拉按钮，在弹出的【Office 主题】下拉菜单中选择【标题和内容】选项。

❷ 即可在演示文稿中创建一个标题和内容的幻灯片。

❸ 选择第 2 张幻灯片，单击【开始】选项卡下【幻灯片】选项组中的【版式】按钮右侧的下拉按钮，在弹出的下拉菜单中选择【内容与标题】选项。

❹ 即可将该幻灯片的【标题和内容】版式更改为【内容与标题】版式。

14.4.2 添加幻灯片编号

在演示文稿中添加幻灯片编号的具体操作步骤如下。

❶ 打开随书光盘中的"素材 \ch14\ 工作总结 .pptx"文件，在普通视图模板下，单击第一张幻灯片缩略图，然后单击【插入】选项卡下【文本】选项组中的【幻灯片编号】按钮。

❷ 在弹出的【页眉和页脚】对话框中单击选中【幻灯片编号】复选框，单击【应用】按钮。

❸ 下图中选中的幻灯片的右下角，即是插入的幻灯片编号。

❹ 若在演示文稿中的所有幻灯片都添加编号，在【页眉和页脚】对话框中单击选中【幻灯片编号】复选框后，单击【全部应用】按钮即可。

14.4.3 添加备注页编号

在演示文稿中添加备注页编号和添加幻灯片编号类似，只需在弹出的【页眉和页脚】对话框中选择【备注和讲义】选项卡，然后选中【页码】复选框，最后单击【全部应用】按钮即可。

14.4.4 添加日期和时间

在演示文稿中添加日期和时间的具体操作步骤如下。

❶ 单击【插入】选项卡下【文本】选项组中的【日期和时间】按钮。

❷ 在弹出的【页眉和页脚】对话框中单击选中【日期和时间】复选框和【固定】单选项，在其下的文本框中输入想要显示的日期，单击【应用】按钮。

❸ 选择的第一张幻灯片左下方即是插入的幻灯片日期。

❹ 若要演示文稿中的所有幻灯片都添加上日期和时间，单击【全部应用】按钮即可。

 14·4·5 添加水印

在幻灯片中添加水印时既可以使用图片作为水印，也可以使用文本框和艺术字作为水印。本节主要介绍使用艺术字作为水印，具体操作步骤如下。

❶ 打开随书光盘中的"素材 \ch14\ 工作总结.pptx"文件，单击要为其添加水印的幻灯片。单击【插入】选项卡下【文本】选项组中的【艺术字】按钮，在弹出的列表中任选一种样式。

❷ 此时在幻灯片中出现一个文本框，在此文本框中输入"龙马工作室"字样，并使用鼠标拖曳调整其位置。

❸ 在功能区设置艺术字的字体、字号等，设置后的效果如下图所示。

一年来，在公司领导组的正确领导下，在各科室的支持下，我充分发挥了办公室的枢纽、保障作用，全体人员团结一致，对分配的任何工作都毫无怨言，各项具体工作均按时按量完成，现将办公室的工作总结如下。

输入文字

一年来，在公司领导组的正确领导下，在各科室的支持下，我充分发挥了办公室的枢纽、保障作用，全体人员团结一致，对分配的任何工作都毫无怨言，各项具体工作均按时按量完成，现将办公室的工作总结如下。

设置字体格式后的艺术字

④ 单击【绘图工具】▶【格式】选项卡下【排列】选项组中的【下移一层】右侧的下拉按钮，然后从弹出的下拉列表中选择【置于底层】选项。

⑤ 将艺术字制作成水印的最终效果如下图所示。

插入的水印效果

14.5 设置幻灯片背景和主题

本节视频教学录像：4 分钟

为了使当前演示文稿整体搭配比较合理，用户除了需要对演示文稿的整体框架进行搭配外，还需要对演示文稿进行背景、字体和效果等主题的设置。

14.5.1 使用内置主题

在幻灯片中使用内置主题的具体操作步骤如下。

① 打开随书光盘中的"素材 \ch14\ 工作总结 .pptx"文件，单击【设计】选项卡【主题】选项组右侧的下拉按钮，在弹出的列表主题样式中任选一种样式。

选择主题样式

② 此时，主题即可应用到幻灯片中，设置后的效果如下图所示。

应用的主题样式

14.5.2 自定义应用主题

如果对系统自带的主题不满意，用户可以自定义主题，具体操作步骤如下图所示。

① 打开随书光盘中的"素材 \ch14\ 工作总结 .pptx"文件，单击【设计】选项卡【主题】选项组右侧的下拉按钮，在弹出的列表主题样式中选择【浏览主题】选项。

单击

❷ 在弹出的【选择主题或主题文档】对话框中，选择要应用的主题模板，然后单击【应用】按钮。

❸ 自定义模板后的效果如下图所示。

 14.5.3 设置幻灯片背景

PowerPoint 中自带了多种背景样式，用户可以根据需要挑选使用。

❶ 打开随书光盘中的"素材 \ch14\ 工作总结.pptx"文件，选择需要设置背景样式的幻灯片。

❷ 单击【设计】选项卡下【变体】选项组中【背景样式】选项，在弹出的列表中选择其中一种样式单击。

❸ 选择的背景样式直接应用于幻灯片。

❹ 如果当前下拉列表没有合适的背景样式，可以选择【设置背景格式】选项，以自定义背景样式。

14.6 综合实战——制作年度营销计划报告

本节视频教学录像：7 分钟

　　年度营销计划报告是一个有实际操作价值且对今后发展方向有影响的年度营销规划报告，不仅对企业全年的营销活动有非常深远的影响，而且对于制定与营销活动密切相关的生产、财务、研发、人力资源等计划也有非常重要的指导意义。

【案例效果展示】

效果图

【案例涉及知识点】

❖ 插入对象
❖ 设计版式
❖ 应用主题

【操作步骤】

第 1 步：制作首页幻灯片

设计幻灯片的首页，主要是设置首页的主题样式及文本的字形、字号、颜色等。设置幻灯片首页的具体操作步骤如下。

❶ 打开随书光盘中的"素材 \ch14\ 公司年度营销计划报告 .pptx"文件，在普通视图模板下，单击第一张幻灯片缩略图。

单击

❷ 单击【设计】选项卡下【主题】选项组右侧的按钮▾，在弹出的下拉菜单中单击选中【Office】下的任一主题样式。

单击

❸ 即可将选中的主题样式应用到幻灯片中。

设置主题后效果

❹ 选中第一张幻灯片中的标题文字，设置【字体】为"微软雅黑"、【字号】为"66"，。选中标题下的副标题，并根据需要进行设置，拖曳占位符文本框改变文字的位置，使其看起来更美观，设置后的效果如下图所示。

设置首页文字效果

第 2 步：设计报告要点幻灯片

设计幻灯片要点，主要是设置文字样式填充及图片的插入等，具体操作步骤如下。

❶ 单击第二张幻灯片，选中第一段要点文字。单击【格式】选项卡下【形状样式】选项组中的【形状填充】按钮，在弹出的主题颜色中任选一种颜色图。

❷ 颜色已填充到选中的文本框中，用鼠标拖曳使其大小合适，然后设置字体的大小和颜色，效果如下图所示。

填充后效果

❸ 其后的段落颜色填充和第一段文字填充方法类似，然后设置字体的颜色为"白色"，设置完成后的效果如下图所示。

设置完成后效果

❹ 单击【插入】选项卡下【图像】选项组中的【图片】选项，弹出【插入图片】对话框，单击需要插入的图片，然后单击【插入】按钮。

1. 选择
2. 单击

❺ 此时图像已插入到幻灯片中，使用鼠标拖曳图像调整其大小和位置，调整后的效果如下图所示。

插入图片后效果

第 3 步：设计营销计划幻灯片

设计营销计划幻灯片，主要是设置对文本形状样式的填充及对文本字体的设置。

❶ 单击第三张幻灯片选中文本，根据需要设置其字体和字号，设置后的效果如下图所示。

设置字体后效果

❷ 选中幻灯片中的文本，对文本进行样式填充。单击【格式】选项卡下【形状样式】选项组右侧的下拉按钮，在弹出的样式中任意选择一种样式。

选择形状样式

❸ 设置样式后的效果如下图所示。

设置形状样式后效果

最终效果

❹ 对产品策略、任务内容、面临问题和解决方法要点等幻灯片进行字体和字号设置，设置后的效果如下图所示。

至此，就完成了年度营销计划报告 PPT 的制作。

高手私房菜

📽 本节视频教学录像：3 分钟

技巧 1： 压缩媒体文件以减少演示文稿的大小

通过压缩媒体文件，可以减少演示文稿的大小以节省磁盘空间，并可以提高播放性能。下面介绍在演示文稿中压缩多媒体的方法。

打开包含音频或视频文件的演示文稿，单击【文件】选项卡，在其列表中选择【信息】选项，在【信息】区域中单击【压缩媒体】按钮，在弹出的下拉列表中选择需要的选项即可。

> 📝 **提示** 【演示文稿质量】选项：可节省磁盘空间，同时保持音频和视频的整体质量。
> 【互联网质量】选项：质量可媲美 Internet 传输的媒体。
> 【低质量】选项：在空间有限的情况下使用。

技巧 2： 快速灵活改变图片的颜色

更改幻灯片的色彩搭配和明亮度的具体操作步骤如下。

❶ 新建一张幻灯片，插入一张彩色图片。单击【格式】选项卡下【调整】选项组中的【更正】按钮 ☀更正▾，在弹出的下拉列表中选择【亮度+40%，对比度 -40%】选项。

❷ 此时图片的明亮度会发生变化，单击【格式】选项卡下【调整】选项组中的【颜色】按钮 图 颜色▾，在弹出的下拉列表中选择【灰度】选项。

❸ 更改后的图片效果如图所示。

更改后的图片效果

第

15

章

为幻灯片添加动画和交互效果

本章视频教学录像：38 分钟

高手指引

在幻灯片放映时，可以在幻灯片之间添加一些切换效果，如淡化、渐隐或擦出等，可使幻灯片的每一个过渡和显示都能带给观众绚丽多彩的感观享受。

重点导读

+ 掌握设置动画效果的方法
+ 掌握设置幻灯片切换效果的方法
+ 了解设置按钮交互的方法
+ 掌握使用超链接的方法

15.1 设置动画效果

本节视频教学录像：9 分钟

在制作 PPT 的时候，通过使用动画效果可以大大提高 PPT 的表现力，在动画展示的过程中可以起到画龙点睛的作用。

15.1.1 添加动画

为幻灯片添加动画，可以让原本呆板的内容变得栩栩如生。添加动画的具体操作步骤如下。

❶ 打开随书光盘中的"素材\ch15\设置动画.pptx"文件，选择要添加动画的幻灯片内容，这里选择第一张幻灯片中的"桃花源记"文本。

❷ 单击【动画】选项卡下【动画】选项组右下角【其他】按钮 ，在弹出的【动画】效果列表中，选择【进入】组下的【浮入】选项。

> **提示** 除了创建动画，用户还可以创建强调动画以及退出动画等。

❸ 添加动画效果后，"桃花源记"文本前面出现一个动画编号标记 。

❹ 使用同样方式为幻灯片内容添加动画，并单击【动画】选项卡下【高级动画】组中的【动画窗格】按钮，在打开的【动画窗格】中查看添加的动画顺序及效果。

> **提示** 添加动画效果后，会自动预览动画效果。如果要再次查看动画效果，可在【动画窗格】中选择要放映的内容，单击最上方的【播放】按钮。

15.1.2 调整动画顺序

添加动画效果后，还可以根据需要调整动画顺序，以达到最好放映效果，具体操作步骤如下。

❶ 选择已经添加过动画的幻灯片内容，单击【动画】选项卡下【计时】选项组中的【对动画重新排序】区域的【向前移动】按钮 ▲ 向前移动 。

❷ 即可看到该文本前面的编号由"2"变成"1"。

> **提示** 也可以在【动画窗格】中单击【向前移动】按钮 ▲ 或【向后移动】按钮 ▼ ，或者选择要改变动画顺序的文本，按住鼠标左键不放并拖曳至要移动到的位置，再松开鼠标即可。

15.1.3 设置动画计时

创建动画后，用户可以在【动画】选项卡下，为动画指定开始时间、持续时间以及延迟计时。其具体操作步骤如下。

❶ 在打开的演示文稿中选择第 2 张幻灯片中的动画 2，单击【计时】选项组中的【开始】文本框右侧的下拉按钮，从弹出的下拉列表中选择【单击时】播放选项。

❷ 在【计时】选项组中的【持续时间】文本框中输入所需的秒数，或单击【持续时间】文本框右侧的微调按钮来增加或减少动画持续的时间。

❸ 在【计时】选项组【延迟】文本框中输入延迟的时长，或单击右侧的微调按钮来增加或减少动画延迟的时间。

15.1.4 使用动画刷

使用【动画刷】可将设置后的动画效果运用到其他需要使用相同动画效果的文本上，具体操作步骤如下。

❶ 选择第 2 张幻灯片中的动画效果 2，单击【动画】选项卡下【高级动画】选项组中【动画刷】按钮 动画刷，此时幻灯片中的鼠标指针变为动画刷的形状 。

❷ 选择第 3 张幻灯片中的内容，单击，即可看到已将动画效果 1 应用到该内容当中。

15.1.5 动作路径

为对象创建动作路径可以使对象上下移动、左右移动或者沿着星形或圆形图案移动。

❶ 选择第 2 张幻灯片，选中幻灯片中要创建动作动画效果的对象，单击【动画】选项卡下【动画】选项组中的【其他】按钮，在弹出的下拉列表中选择【路径区域】中的【弧形】选项。

❷ 即可为此对象创建"弧形"的路径动画效果。

创建弧形动画效果

❸ 选择第 4 张幻灯片，选中要自定义路径的文本，单击动画列表中【路径】组的【自定义路径】选项。

❹ 此时，鼠标光标变成＋形状，在幻灯片上绘制动画路径后按【Enter】键即可。

创建自定义路径效果

15.1.6 测试动画

为幻灯片添加动画效果后，可以单击【动画】选项卡下【预览】选项组中的【预览】按钮，验证添加的动画效果是否达到预期效果。单击【预览】按钮下方的下拉按钮，在弹出的下拉列表中包含【预览】和【自动预览】两个选项。单击【自动预览】选项后，每次为对象添加或更改动画后均可自动预览动画效果。

 15.1.7 删除动画

为对象创建动画效果后，我们可以根据需要删除动画。删除动画的方法有以下两种。

1. 使用【动画】选项卡

单击【动画】选项卡下【动画】选项组中的【其他】按钮，在弹出的下拉列表【无】区域选择【无】选项。

2. 使用【动画】窗格

单击【动画】选项卡下【高级动画】选项组中的【动画窗格】按钮，在弹出的【动画窗格】中单击要删除的动画右侧的下拉按钮，在弹出的下拉列表中选择【删除】选项。

15.2 设置幻灯片切换效果

本节视频教学录像：5分钟

切换效果是指由一张幻灯片进入另一张幻灯片时屏幕显示的变化。用户可以选择不同的切换方案并且可以设置切换速度。

15.2.1 添加切换效果

幻灯片切换时产生的类似动画的效果，可以使幻灯片在放映时更加生动形象，具体的操作步骤如下。

❶ 打开随书光盘中的"素材 \ch15\ 添加切换效果 .pptx"文件，选择要设置切换效果的幻灯片，这里选择文件中的第 1 张幻灯片。

❷ 单击【切换】选项卡下【切换到此幻灯片】选项组中的【其他】按钮，在弹出的下拉列表中选择【细微型】下的【形状】切换效果，即可自动预览该效果。使用同样方法为其他幻灯片添加切换效果。

15.2.2 设置切换效果的属性

PowerPoint 2013 中的部分切换效果具有可自定义的属性，我们可以对这些属性进行自定义设置。

❶ 接上一节的操作，在普通视图状态下，选择第 1 张幻灯片。

❷ 单击【切换】选项卡下【切换到此幻灯片】选项组中的【效果选项】按钮，在弹出的下拉列表中选择其他选项可以更换切换效果的形状，如要将默认的【圆形】更改为【菱形】效果，则选择【菱形】选项即可。

提示　幻灯片添加的切换效果不同，【效果选项】的下拉列表中的选项是不相同的。本例中第 1 张幻灯片添加的是【形状】切换效果，因此单击【效果选项】可以设置切换效果的形状。

15.2.3　为切换效果添加声音

如果想使切换的效果更逼真，可以为其添加声音效果，具体操作步骤如下。

 选中要添加声音效果的第 2 张幻灯片。

选择幻灯片

❷ 单击【切换】选项卡下【计时】选项组中【声音】按钮右侧的下拉按钮，在其下拉列表中选择【疾驰】选项，在切换幻灯片时会自动播放该声音。

15.2.4　设置切换效果计时

用户可以设置切换幻灯片的持续时间，从而控制切换的速度。设置切换效果计时的具体步骤如下。

 选择要设置切换速度的第 3 张幻灯片。

选择幻灯片

❷ 单击【切换】选项卡下【计时】选项组中【持续时间】文本框右侧微调按钮来设置切换持续的时间。

调整持续时间

15.2.5　设置切换方式

用户在播放幻灯片时，可以根据需要设置幻灯片切换的方式，例如自动换片或单击鼠标时换片等，具体操作步骤如下。

❶ 打开上节已经设置完成的第 3 张幻灯片，在【切换】选项卡下【计时】选项组【换片方式】复选框下单击选中【单击鼠标时】复选框，则播放幻灯片时单击鼠标可切换到此幻灯片。

❷ 若单击选中【设置自动换片时间】复选框，并设置了时间，那么在播放幻灯片时，经过所设置的秒数后就会自动地切换到下一张换灯片。

提示 【单击鼠标时】复选框和【设置自动换片时间】复选框可以同时选中，这样切换时既可以单击鼠标切换，也可以按设置的自动换片时间切换。

15.3 设置按钮的交互

本节视频教学录像：2 分钟

动作按钮是预先设置好带有特定动作的图形按钮。应用设置好的按钮，可以实现在放映幻灯片时跳转的目的，具体操作步骤如下。

❶ 打开随书光盘中的"素材 \ch15\ 设置切换效果 .pptx"文件，选择最后一张幻灯片。

❷ 单击【插入】选项卡【插图】选项组中的【形状】按钮，在弹出的下拉列表中选择【动作按钮】组中的【第一张】按钮。

❸ 返回幻灯片中按住鼠标左键并拖曳，在左下角绘制出按钮。

❹ 松开鼠标左键后，弹出【操作设置】对话框，在【单击鼠标】选项卡中选择【超链接到】下拉列表中的【第一张幻灯片】选项，单击【确定】按钮。在播放幻灯片时单击该按钮，即可跳转到第一张幻灯片。

15.4 使用超链接

本节视频教学录像：9 分钟

在 PowerPoint 中，超链接的方式包括链接到现有文件或网页、链接到本文档中的位置、链接到新建文档和链接到电子邮件 4 种方式。这里我们以介绍链接到本文档中的位置为例，详细讲解设置链接的方法，具体操作步骤如下。

❶ 打开随书光盘中的"素材 \ch15\ 设置动画 .pptx"文件，选择要创建超链接的文本，此处选择第 3 张幻灯片中的"《桃花源记》"，单击【插入】选项卡下【链接】选项组中的【超链接】按钮 ⑨。

❷ 弹出【插入超链接】对话框，在左侧的【链接到】列表框中选择【本文档中的位置】选项；在右侧的【请选择文档中的位置】列表框中选择【第一张幻灯片】选项，然后单击【屏幕提示】按钮。

❸ 弹出【设置超链接屏幕提示】对话框，在【屏幕提示文字】文本框中输入提示文字"链接到幻灯片的开始位置"，单击【确定】按钮。

❹ 再次单击【确定】按钮，返回幻灯片，此时我们可以看到"《桃花源记》"不仅显示为"浅绿色"，而且添加了下划线，这说明该文本内容的超链接效果已经添加成功。

❺ 单击幻灯片演示文稿右下角的 ☑ 按钮，进入幻灯片的放映状态，此时将鼠标移到"《桃花源记》"文本上，我们可以看到屏幕提示文字，单击即可链接到第一张幻灯片。

> **提示** 选择链接到【现有文件或网页】选项可以链接到计算机中存储的其他格式文件或者链接到网页文件。
> 选择链接到【本文档中的位置】选项可以链接到打开的演示文稿中的任意幻灯片。
> 选择链接到【新建文档】选项可以设置新建文档的名称（如 1.docx），在放映时单击链接即可创建新文档。
> 选择链接到【电子邮件地址】选项可以输入邮件地址，在放映幻灯片的过程中启动电子邮件软件。

15.5 综合实战——制作产品推广方案

本节视频教学录像：11 分钟

产品推广方案是在产品销售之前，制定的总推销策略和市场战略决策。它对产品将来的销售状况和市场前景有重大影响。制作完善的产品推广方案有利于产品的快速推广；增加企业产品被消费者选购的几率，提高产品在市场的知名度并扩大其产品的销售范围。

【案例效果展示】

效果图

【案例涉及知识点】

- 为幻灯片添加超链接
- 设置动画效果

【操作步骤】

第 1 步：制作首页幻灯片

本节主要涉及使用内置主题、设置字体格式等内容。

❶ 新建幻灯片，并将其保存为"产品推广方案 .pptx"的幻灯片。单击【设计】选项卡下【主题】组中的 ▼ 按钮，在弹出的下拉列表中选择一种主体样式。

❷ 在【单击此处添加标题】文本框中输入推广方案的名称，同时选中输入的文字，在【开始】选项卡的【字体】选项组中设置【字体】为"宋体"，【字号】为"54"，【颜色】为"白色，背景 1"，使用同样的方式输入并设置副标题。

设置标题效果

第 2 步：制作计划主旨幻灯片

❶ 新建一个空白幻灯片，单击【插入】选项卡下【文本】选项组中的【文本框】按钮，在弹出的下拉列表中选择【横排文本框】选项。

❷ 在空白幻灯片中按住鼠标左键拖曳出文本框，并在文本框中输入"计划主旨"，然后在【开始】选项卡的【字体】选项组中设置【字体】为"宋体"，【字号】为"40"，【颜色】为"深红"。

❸ 创建横排文本框，并打开随书光盘中的"素材\ch15\产品推广.pptx"文件，将其内容复制到文本框中，单击【格式】选项卡下【形状样式】选项组中的【形状轮廓】按钮，在弹出的下拉列表中选择【深蓝，背景2】选项。

❹ 重复步骤❶~❷，添加"活动方案"文本。

❺ 在幻灯片中绘制圆形，然后单击【格式】选项卡下【形状样式】选项组中的【形状填充】按钮，在弹出的下拉列表中选择【无填充颜色】选项。

❻ 单击【格式】选项卡下【形状样式】选项组中的【形状轮廓】按钮，在弹出的下拉列表中【标准色】区域选择"黄色"选项，【粗细】列表中选择"3磅"。

❼ 在上一步绘制的圆形中添加新文本框，并设置文本框边框的颜色，输入"平台推广"文本，设置后的效果如下图所示。

❽ 使用同样的方式完成其他活动方案的输入，结果如图所示。

❾ 分别选中文本框和圆，单击【格式】选项卡下【排列】选项组中的【组合对象】按钮，在弹出的下拉列表中单击【组合】选项，使用同样的方式制作其他幻灯片页面。

245

第 3 步：添加超链接

❶ 选择第 2 张幻灯片中的"平台推广"，单击【插入】选项卡【链接】选项组中的【超链接】按钮 🌐，在弹出的【插入超链接】对话框中设置如图所示链接。

❷ 单击【确定】按钮，即可为其添加超链接，同样为其他文本添加超链接，效果如图所示。

第 4 步：添加动画效果

❶ 选择第 1 张幻灯片中的标题，单击【动画】选项卡下【动画】选项组中的【动画样式】右侧的其他按钮，在弹出的下拉列表中为标题设置动画效果，此处选择【浮入】效果。

❷ 选择第 2 张幻灯片中的标题，单击【切换】选项卡下【切换到此幻灯片】选项组右侧的 ▼ 按钮，在弹出的下拉列表中选择【日式折纸】效果。

❸ 按照相同方法，为幻灯片的其他内容添加动画效果和切换效果，最终效果如图所示。

高手私房菜

📹 本节视频教学录像：2 分钟

技巧：改变超链接的颜色

如果要对超链接文字的颜色进行修改，具体操作步骤如下。

❶ 单击【设计】选项卡下【变体】组中的【其他】按钮 ▼，在弹出的列表中选择【颜色】选项，在弹出的子菜单中选择【自定义颜色】选项。

❷ 弹出【新建主题颜色】对话框，分别单击【超链接】和【访问过的链接】右侧的下拉按钮，然后选择喜欢的颜色即可。

第

16

章

幻灯片的演示与发布

本章视频教学录像：21 分钟

高手指引

演示文稿制作完成后就可以向观众播放演示了。本章主要介绍 PPT 演示的一些设置方法，包括放映幻灯片、设置幻灯片放映及为幻灯片添加注释等内容。

重点导读

+ 掌握放映幻灯片的方法
+ 掌握设置幻灯片放映的方式
+ 掌握为幻灯片添加注释的方法

16.1 放映幻灯片

本节视频教学录像：6 分钟

选择合适的放映方式，可以使幻灯片以更好的效果来展示，通过本节的学习，用户可以掌握多种幻灯片放映方式，以满足不同的放映需求。

16.1.1 从头开始放映

放映幻灯片一般是从头开始放映的，从头开始放映的具体操作步骤如下。

❶ 打开随书光盘中的"素材 \ch16\ 认动物 . pptx"文件。

❷ 单击【幻灯片放映】选项卡【开始放映幻灯片】组中的【从头开始】按钮。

❸ 系统从头开始播放幻灯片。

❹ 单击鼠标左键，或按【Enter】键或空格键即可切换到下一张幻灯片。

> **提示** 按键盘上的上、下、左、右方向键也可以向上或向下切换幻灯片。

16.1.2 从当前幻灯片开始放映

在放映幻灯片时可以从选定的当前幻灯片开始放映，具体操作步骤如下。

❶ 打开随书光盘中的"素材 \ch16\ 认动物 . pptx"文件，选中第 3 张幻灯片，单击【幻灯片放映】选项卡【开始放映幻灯片】组中的【从当前幻灯片开始】按钮。

❷ 系统即可从当前幻灯片开始播放幻灯片。

16.1.3 联机放映

PowerPoint 2013 新增了联机演示功能，只要在连接有网络的条件下，就可以在没有安装 PowerPoint 的计算机上放映演示文稿，具体操作步骤如下。

❶ 打开随书光盘中的"素材 \ch16\ 认动物 .pptx"文件，单击【幻灯片放映】选项卡下【开始放映幻灯片】选项组中的【联机演示】按钮下的下拉箭头，在弹出的下拉列表中单击【Office 演示文稿服务】选项。

❷ 弹出【联机演示】对话框，单击【连接】按钮。

❸ 弹出【联机演示】对话框，复制文本框中的链接地址，将其共享给远程查看者，待查看者打开该链接后，单击【启动演示文稿】按钮。

❹ 即可开始放映幻灯片，此时，远程查看者可在浏览器中同时查看播放的幻灯片。

16.1.4 自定义幻灯片放映

利用 PowerPoint 的【自定义幻灯片放映】功能，可以为幻灯片设置多种自定义放映方式。设置自定义放映的具体操作步骤如下。

❶ 打开随书光盘中的"素材 \ch16\ 认动物 .pptx"文件，单击【幻灯片放映】选项卡【开始放映幻灯片】组中的【自定义幻灯片放映】按钮，在弹出的下拉菜单中选择【自定义放映】菜单命令。

❷ 弹出【自定义放映】对话框，单击【新建】按钮。

❹ 即可查看自动放映效果。

❸ 弹出【定义自定义放映】对话框。在【在演示文稿中的幻灯片】列表框中选择需要放映的幻灯片，然后单击【添加】按钮即可将选中的幻灯片添加到【在自定义放映中的幻灯片】列表框中，单击【确定】按钮，返回到【自定义放映】对话框，单击【放映】按钮。

自动放映效果

16.2 设置幻灯片放映

本节视频教学录像：4 分钟

放映幻灯片时，默认情况下为普通手动放映，用户可以通过设置放映方式、放映时间和录制幻灯片来设置幻灯片放映。

16.2.1 设置放映方式

通过使用【设置幻灯片放映】功能，用户可以自定义放映类型、换片方式和笔触颜色等参数。设置幻灯片放映方式的具体操作步骤如下。

❶ 打开随书光盘中的"素材 \ch16\ 认动物 .pptx"文件，选择【幻灯片放映】选项卡下【设置】组中的【设置幻灯片放映】按钮。

❷ 弹出【设置放映方式】对话框，设置【放映选项】区域下【绘图笔颜色】为【蓝色】、设置【放映幻灯片】区域下的页数为【从 1 到 3】，单击【确定】按钮，关闭【设置放映方式】对话框。

提示 【设置放映方式】对话框中各个参数的具体含义如下。

【放映类型】：用于设置放映的操作对象，包括演讲者放映、观众自行浏览和在展厅放映。

【放映选项】：主要设置是否循环放映、旁白和动画的添加以及笔触的颜色。

【放映幻灯片】：用于设置具体播放的幻灯片，默认情况下，选择【全部】播放。

❸ 单击【幻灯片放映】选项卡下【开始放映幻灯片】组中的【从头开始】按钮。

❹ 幻灯片进入放映模式，在幻灯片中单击鼠标右键，在弹出的快捷菜单中选择【指针选项】▶【笔】菜单命令。

❺ 可以在屏幕上书写文字，可以看到笔触的颜色为"蓝色"。同时在浏览幻灯片时，幻灯片的放映总页数也发生了相应的变化，即只放映第 1 ～ 3 张。

16.2.2 设置放映时间

作为一名演示文稿的制作者，在公共场合演示时需要掌握好演示的时间，为此需要测定幻灯片放映时的停留时间，具体的操作步骤如下。

❶ 打开随书光盘中的"素材 \ch16\ 认动物 .pptx"文件，单击【幻灯片放映】选项卡【设置】选项组中的【排练计时】按钮 。

❷ 系统会自动切换到放映模式，并弹出【录制】对话框，在【录制】对话框中会自动计算出当前幻灯片的排练时间，时间的单位为秒。

提示 如果对演示文稿的每一张幻灯片都需要"排练计时"，则可定位于演示文稿的第 1 张幻灯片中。

提示 对通常在放映的过程中，需要临时查看或跳到某一张幻灯片时，可通过【录制】对话框中的按钮来实现。

(1)【下一项】按钮 ➡。切换到下一张幻灯片。

(2)【暂停】按钮 ❚❚。暂时停止计时后，再次单击会恢复计时。

(3)【重复】按钮 ↺。重复排练当前幻灯片。

❸ 排练完成，系统会显示一个警告消息框，显示当前幻灯片放映的总时间。单击【是】按钮，即可完成幻灯片的排练计时。

单击

16.2.3 录制幻灯片

录制幻灯片可以记录 PPT 幻灯片的放映时间，同时，允许用户使用鼠标或激光笔为幻灯片添加注释。也就是制作者对 PowerPoint 2013 的一切相关的注释都可以使用录制幻灯片演示功能记录下来，从而使得 PowerPoint 2013 的幻灯片的互动性能大大提高。

❶ 单击【幻灯片放映】选项卡【设置】组中的【录制幻灯片演示】按钮下方的下拉按钮，在弹出的下拉列表中选择【从头开始录制】或【从当前幻灯片开始录制】选项。本例中选择【从头开始录制】选项。

❷ 弹出【录制幻灯片演示】对话框，该对话框中默认地选中【幻灯片和动画计时】复选框。可以根据需要进行选择。然后，单击【开始录制】按钮，幻灯片开始放映，并自动开始计时。

❸ 幻灯片放映结束时，录制幻灯片演示也随之结束，并弹出【Microsoft PowerPoint】对话框，单击【是】按钮。

单击

提示 在【Microsoft PowerPoint】对话框中显示了放映该演示文稿所用的时间。若保留排练时间可单击【是】按钮，若不保留排练时间，可单击【否】按钮。

❹ 返回到演示文稿窗口，单击【视图】选项卡下【演示文稿视图】选项组中的【幻灯片浏览视图】按钮，切换至幻灯片浏览视图界面。在该窗口中显示了每张幻灯片的演示计时时间。

16.3 为幻灯片添加注释

本节视频教学录像：4 分钟

在放映幻灯片时，添加注释可以为演讲者带来方便。

 16.3.1　在放映中添加标注

为了使观看者更加了解幻灯片所表达的意思，就需要在幻灯片中添加标注以达到演讲者的目的。添加标注的具体操作步骤如下。

❶ 打开随书光盘中的"素材 \ch16\ 认动物 .pptx"文件，按【F5】键放映幻灯片。单击鼠标右键，在弹出的快捷菜单中选择【指针选项】▶【笔】菜单命令。

❷ 当鼠标指针变为一个点时，即可在幻灯片中使用笔添加标注，如可以在幻灯片中写字、画图、标记重点等。

> **提示**　在弹出的快捷菜单中选择【指针选项】▶【荧光笔】菜单命令，可使用荧光笔在幻灯片中添加标注。

 16.3.2　设置笔颜色

在前面已经介绍在【设置放映方式】对话框中可以设置绘图笔的颜色，在幻灯片放映时，同样可以设置绘图笔的颜色。

❶ 使用绘图笔在幻灯片中标注，单击鼠标右键，在弹出的快捷菜单中选择【指针选项】▶【墨迹颜色】菜单命令，在【墨迹颜色】列表中，单击一种颜色，如单击【深蓝】。

❷ 则绘图笔颜色即变为深蓝色。

> **提示**　使用同样的方法也可以设置荧光笔的颜色。

16.3.3 清除标注

在幻灯片中标注添加错误时，或是幻灯片讲解结束时，还可以将标注消除，具体操作步骤如下。

❶ 放映幻灯片时，在添加有标注的幻灯片中，单击鼠标右键，在弹出的快捷菜单中选择【指针选项】➤【橡皮擦】菜单命令。

❷ 当鼠标光标变为 时，在幻灯片中有标注的地方，按鼠标左键拖动，即可擦除标注。

擦除标注

> **提示** 单击鼠标右键，在弹出的快捷菜单中选择【指针选项】➤【擦除幻灯片上的所有墨迹】菜单命令，即可将幻灯片中添加的所有墨迹擦除。

16.4 综合实战——教学课件的放映

本节视频教学录像：5 分钟

制作完成的教学课件，需要给学生放映观看，本节主要介绍教学课件的放映。

【案例效果展示】

效果图

【案例涉及知识点】

* 设置幻灯片放映
* 演示者视图浏览
* 添加注释

【操作步骤】

第 1 步：设置幻灯片放映

本节主要涉及幻灯片放映的基本设置，如添加备注和设置放映类型等内容。

❶ 打开随书光盘中的"素材 \ch16\ 教学课件的放映 .pptx"文件，选择第 1 张幻灯片，在幻灯片下方的【单击此处添加备注】处添加备注。

❷ 单击【幻灯片放映】选项卡下【设置】组中的【设置幻灯片放映】按钮，弹出【设置放映方式】对话框，在【放映类型】中单击选中【演讲者放映（全屏幕）】单选项，在【放映选项】区域中单击选中【放映时不加旁白】选项和【放映时不加动画】复选框，然后单击【确定】按钮。

❸ 单击【幻灯片放映】选项卡下【设置】组中的【排练计时】按钮。

❹ 开始设置排练计时的时间。

❺ 排练计时结束后，单击【是】按钮，保留排练计时。

❻ 添加排练计时后的效果如图所示。

第 2 步：演示者视图浏览

本节主要主要介绍显示演示者视图进行浏览幻灯片的方法。

❶ 单击键盘上【F5】键，开始放映幻灯片，在放映界面中单击鼠标右键，在弹出的快捷菜单中选择【显示演示者视图】选项。

❷ 如图所示，显示方式为演示者视图。

第 3 步：添加注释

本节主要介绍在幻灯片中插入注释的方法。

❶ 单击【笔或激光笔工具】按钮，在弹出的快捷菜单中选择【笔】选项。

❷ 当鼠标光标变为一个点时，即可以在幻灯片播放界面中标记注释，如图所示。

❸ 插入注释完成后，会弹出如图所示对话框，单击【保留】按钮，即可将添加的注释保留到幻灯片中。

提示 保留墨迹注释，则在下次播放时会显示这些墨迹注释。

❹ 如图所示，在演示文稿工作区中即可看到插入的注释。

高手私房菜

本节视频教学录像：2 分钟

技巧 1：在放映幻灯片时操作的显示快捷方式

在放映幻灯片时，如果想用快捷键，但一时又忘了快捷键的操作，可以按下【F1】键（或【SHIFT+?】组合键），屏幕就可显示快捷键的操作提示，如下图所示。

技巧 2：快速定位放映中的幻灯片

在播放 PowerPoint 演示文稿时，如果要快进到或退回到第 6 张幻灯片，可以先按下数字【5】键，再按下回车键。若要从任意位置返回到第 1 张幻灯片，可以同时按下鼠标左右键并停留 2s 以上。

第5篇
案例实战篇

第 **17** 章　Office 在行政办公中的应用

Office 在商务办公中的应用　第 **18** 章

第 **19** 章　Office 在人力资源管理中的应用

第 **20** 章　Office 在市场营销中的应用

第

17

章

Office 在行政办公中的应用

本章视频教学录像：25 分钟

高手指引

在行政办公中，使用 Office 2013 可以制作出一份份精美的文档、一张张华丽的数据报表，并能够帮助用户实现一场成功的演讲。

重点导读

✚ 制作购销合同模板
✚ 创建员工考勤记录表
✚ 设计公司形象宣传片

17.1 购销合同模板

本节视频教学录像：7 分钟

购销合同是买卖合同的变化形式，主要是指供方（卖方）同需方（买方）根据协商一致的意见，由供方将产品交付给需方，需方接受产品并按规定支付价款的协议。下面主要以制作二手房买卖合同样本为例介绍，如何制作购销合同。

【案例效果展示】

【案例涉及知识点】

◈ 填写内容并设置标题

◈ 设置段落格式和项目符号

◈ 添加页眉和页脚

【操作步骤】

第 1 步　设置页面

在制作二手房买卖合同样本前，先要撰写文本内容。本节主要讲解文本内容的填写及字体格式的设置等，具体操作步骤如下。

❶ 打开随书光盘中的"素材 \ch17\ 二手房买卖合同样本"文档，并复制其内容，然后将其粘贴到新建的空白文档中。

❷ 将合同中的下划线空白处添加上内容，添加后的效果如下图所示。

❸ 单击选中文档标题，单击【开始】选项卡下【字体】选项组中右下方的【字体】按钮。在弹出的【字体】对话框中，选择【字体】选项卡。

❹ 在【中文字体】下拉列表框中选择【方正楷体简体】，在【字号】列表框中选择【三号】选项，单击【确定】按钮。

❺ 设置后的效果如下图所示。

❻ 选中除标题外的所有内容文本，使用上述方法设置【字体】为"宋体"，【字号】为"5号"，设置后的效果如下图所示。

第 2 步 设置项目符号和段落格式

字体和内容设置完成后，接下来是设置文档的段落和项目用符号，具体操作步骤如下。

❶ 选中除标题外的全部文字，单击【开始】选项卡下【段落】选项组中右下方的【段落】按钮，在弹出的【段落】对话框中选择【缩进和间距】选项卡，单击【缩进】组中【特殊格式】后的下拉按钮，在弹出的下拉列表中选择【首行缩进】选项，设置【缩进值】为"2 字符"，单击【确定】按钮。

❷ 单击选中文档中的"第一条"……"第十一条",如下图。单击【开始】选项卡下【段落】选项组中的项目符号按钮。

❸ 在弹出的列表中选择【项目符号库】中的项目符号。

❹ 添加项目符号后的效果如下图所示。

第 3 步 添加页眉和页脚

要创建页眉和页脚,只需要在某一个页眉或页脚中输入要放置在页眉或页脚的内容即可。在文档中插入页眉和页脚的具体操作步骤如下。

❶ 单击【插入】选项卡下【页眉和页脚】选项组中的【页眉】按钮,在弹出的下拉列表中选择【边线型】选项。

❷ 插入页眉后,将光标定位到页脚处,然后单击【页脚】按钮,在弹出的列表中选择【边线型】选项,然后在页脚处输入"第 1 页"文字。

❸ 插入页眉和页脚后,将光标定在页眉处,输入"房屋买卖合同"字样,并设置其字形、字号、对其方式为右对齐。

❹ 单击【设计】选项卡下【关闭】选项组中的【关闭页眉和页脚】按钮,文档则返回原来的视图模式。效果如下图所示。

至此,就完成了购销合同模板的制作。

17.2 员工考勤记录表

本节视频教学录像：5 分钟

员工考勤记录表是企业必备的报表，可记录公司内部人员的出勤情况，便于人员出勤情况的管理和统计。基本上每个公司都有自己的考勤记录表格。

【案例效果展示】

【案例涉及知识点】

- 设计加班记录表
- 筛选数据
- 使用公式计算

【操作步骤】

第 1 步 设置标题样式

制作产品授权委托书首先要进行页面设置，本节主要介绍文档页边距的设置。设置合适的页边距可以使文档更加美观整齐。设置文档页边距的具体操作步骤如下。

❶ 打开随书光盘中的"素材 \ch17\ 员工考勤记录表"表格，其中包括"年假表"、"加班记录"、"缺勤记录" 3 个工作表。

❷ 选择"加班记录"工作表。单击单元格 C2，在编辑栏中输入公式"=VLOOKUP(B2，年假表！\$A\$2：\$B\$20,2,1)"按【Enter】键确认，员工的姓名就会自动显示出来。

❸ 将鼠标指针放在单元格 C2 右下方的填充柄上，当鼠标指针变为＋形状时，按住鼠标左键向下拖曳，将公式复制到该列其他单元格中，效果如下图所示。

❹ 单击单元格 D2，在编辑栏中输入公式"=VLOOKUP(B2，年假表! \$A\$2:\$D\$20,4,1)"，按【Enter】键确认，员工的所属部门就会自动显示出来。

❺ 根据步骤❸的方法填充 D 列单元格内容，效果如图所示。

❻ 在单元格 G2 中输入公式"=IF(HOUR(F2-E2)<=2，70，140)"，按【Enter】键确认。然后使用填充方法将公式复制到该列其他单元格中，效果如下图所示。

第 2 步　筛选员工数据

在制作缺勤记录表之前，先了解一下公司的缺勤管理制度。有以下几种情况：请病假一天只记半天工资；请事假按天扣工资；迟到 20 分钟以内扣 50 元，超过 20 分钟扣 100；每月按实际天数计算，如 8 月份 31 天，则每天的工资就是基本工资除以 31 天。

❶ 选择"缺勤记录"工作表，选择单元格 H2，在编辑栏中输入公式"=ROUND(G2/31*D2/2，0)"，按【Enter】键确认，并计算出员工的病假扣款。

❷ 按照同样的方法计算事假扣款。单击单元格 I2，在编辑栏中直接输入公式"=ROUND(G2/31*E2，0)"，按【Enter】键确认。然后进行公式填充，计算出所有员工的事假扣款。

❸ 按照同样的方法计算迟到扣款，单击单元格 J2 在编辑栏中输入公式 "=ROUND(IF(F2>20，100，50-IF(F2=0，50，0))，0)" 按【Enter】键确认。然后进行公式填充，计算出所有员工的迟到扣款。

❹ 单击单元格 K2，在编辑栏中直接输入公式 "=H2+I2+J2"，按【Enter】键确认。然后进行公式填充，计算出所有员工合计扣款，并保存工作薄。

至此，就完成了员工考勤记录表工作簿文件的制作。

17.3 公司形象宣传片

本节视频教学录像：13 分钟

一个好的企业形象宣传片，能向公众展示企业实力、社会责任感和使命感，通过宣传交流，增强企业的知名度和美誉度，使公众产生对企业及其产品的信赖感。精简、优秀的形象宣传片能涉及企业各个层面，能有效地传达企业文化。通过形象宣传片，能让大众及客户了解与别人不一样的差异性，有利于品牌个性的发展。

【案例效果展示】

【案例涉及知识点】

- ❖ 设计幻灯片首页
- ❖ 设计公司概述幻灯片
- ❖ 设计公司主要产品宣传
- ❖ 设计结束幻灯片

【操作步骤】

第 1 步 设计幻灯片首页

设计公司形象宣传片应从片头开始，片头主要应列出宣传报告的主题和演讲人等信息。下面以龙马图书工作室形象宣传幻灯片为例。

❶ 启动 PowerPoint 2013 应用软件，进入 PowerPoint 界面。单击【设计】选项卡下【主题】选项组的【其他】按钮 ▼，在弹出的下拉列表中选择其中一个主题。

❷ 在文本框中输入"龙马工作室形象宣传"文本，设置【字体】为"方正兰亭特黑简体"，【字号】为"60"。在副标题文本框中输入"主讲人：孔经理"文本内容，设置【字体】为"黑体"，【字号】为"30"并设置对齐方式为右对齐。效果如下图所示。

❸ 选中标题并单击【绘图工具】➤【格式】选项卡下【艺术字样式】选项组的【其他】按钮 ▼，在弹出的列表中选择其中一个。

❹ 单击【绘图工具】➤【格式】选项卡下【艺术字样式】选项组的【文字效果】按钮，在弹出的列表中选择其中一个。

❺ 单击【插入】选项卡下【图像】选项组中的【图片】按钮，在弹出的【插入图片】对话框中，选择需要插入的图片（这里选择随书光盘中的"素材\ch17\插图.jpg"），然后单击【插入】按钮。

❻ 将图片调整到合适的位置，最终效果如下图所示。

第2步 设计公司概述幻灯片

制作好宣传幻灯片首页后，接下来就需要对公司进行简单的概述，让客户进一步了解公司。

❶ 单击【开始】选项卡下【幻灯片】组中的【新建幻灯片】按钮。

❷ 在新建的幻灯片中的文本框中输入"公司概述"文本内容，设置【字体】为"微软雅黑"，【字号】为"44"。

❸ 打开随书光盘中的"素材 \ch17\ 公司概述 . txt"文件，选中记事本中的文本，按【Ctrl+C】组合键复制，然后按【Ctrl+V】组合键粘贴到演示文稿中，设置【字体】为"华文行楷"，【字号】为"28"，并拖曳文本框至合适的位置，最终效果如下图所示。

第3步 设计公司主要产品宣传

对公司有一定的了解之后，就要着重看公司的产品了。通过结构图和产品图册来展示公司的产品，不仅清晰而且美观。

❶ 新建一张幻灯片，在文本框输入标题"主要产品"和其后的文本，并设置字体和字号，然后拖曳文本框至合适的位置，效果如下图所示。

❷ 单击【插入】选项卡下【插图】选项组中的【SmartArt】按钮，弹出【选择SmartArt 图形】对话框，单击左侧【列表】选项卡下的【垂直块列表】选项，然后单击【确定】按钮。

❸ SmartArt 图形已插入到演示文稿中，调整图形的边框至合适的位置，在 SmartArt 图形中输入文本。效果如下图所示。

❹ 选择 SmartArt 图形，单击【SMARTART 工具】➤【格式】选项卡下【SmartArt 样式】选项组中的【其他】按钮，在弹出的列表中选择【三维】选项下的嵌入选项。

❺ 此时 SmartArt 图形已被嵌入样式，然后设置图形中文本的字形和字号，设置后的效果如下图所示。

❻ 新建幻灯片，在文本框中输入"'完全自学手册'系列图书欣赏"文本，设置【字体】为"黑体"，【字号】为"48"。然后单击【绘图工具】➤【格式】选项卡下【艺术字样式】选项组的【快速样式】按钮，在弹出的列表中选择一种艺术字。

❼ 单击【插入】选项卡下【图像】选项组中的【图片】按钮，弹出【插入图片】对话框。选择需要插入的图片（这里选择随书光盘中的"素材\ch17\图片 3.jpg"），然后单击【插入】按钮。

❽ 此时图片已插入到演示文稿中，拖曳鼠标调整图片的大小和位置，最终效果如下图所示。

❾ 新建两张幻灯片，操作步骤与上述插入图片的操作类似，将产品展示在幻灯片中，效果如下图所示。

第4步 设计结束幻灯片

最后进行幻灯片页面设计的制作。

❶ 新建一张幻灯片，在文本框中输入"谢谢大家"文本内容。并设置【字体】为"黑体"，【字号】为"96"，效果如下图所示。

❷ 选中标题并单击【绘图工具】▶【格式】选项卡下【艺术字样式】选项组的【其他】按钮，在弹出的列表中选择其中一个。

❸ 单击【绘图工具】▶【格式】选项卡下【艺术字样式】选项组的【文字效果】按钮，在弹出的列表中选择其中任意一个艺术字效果，并输入"谢谢大家"文本。

❹ 保存幻灯片后最终效果如下图所示。

至此，就完成了公司形象宣传片演示文稿的制作。

第

18

章

Office 在商务办公中的应用

本章视频教学录像：33 分钟

高手指引

Office 2013 系列应用软件在商务公司中有很大的用途，可以使工作更为简单，并得到满意的结果，并且可以大大提高工作者的效率和质量。

重点导读

+ 产品功能说明书
+ 活动节目清单
+ 会议 PPT

18.1 产品功能说明书

本节视频教学录像：14 分钟

产品功能说明书主要指关于那些日常生产、生活产品的说明书。它主要是对某一产品的所有情况的介绍或者某产品的使用方法的介绍，诸如其组成材料、性能、存储方式、注意事项、主要用途等的介绍。这类说明书可以是生产消费品的，如电视机、耳机；也可以是生活消费品的，如食品、药品等，下面具体介绍制作产品功能说明书的方法。

【案例效果展示】

效果图

【案例涉及知识点】

- 设置页面
- 设置标题格式
- 设置正文格式
- 设置页眉和页码
- 添加目录

【操作步骤】

第 1 步 设置页面

❶ 打开随书光盘中的"素材 \ch18\ 产品功能说明书 .docx"文档。

打开素材

❷ 单击【页面布局】选项卡的【页面设置】组中的【页面设置】按钮，弹出【页面设置】对话框，在【页边距】选项卡下设置【上】和【下】边距为"1.4 厘米"，【左】和【右】边距设置为"1.3 厘米"，纸张方向为【横向】。

1.设置页边距

2.设置纸张方向

❸ 在【纸张】选项卡下【纸张大小】下拉列表中选择【自定义大小】选项，并设置宽度为"14.8 厘米"，高度为"10.5 厘米"，在【版式】选项卡下的【页眉和页脚】区域中单击选中【首页不同】选项，并设置页眉和页脚距边距距离均为"1 厘米"。

❹ 单击【确定】按钮，设置后的效果如图所示。

设置页面布局、纸张及版式后的效果

第 2 步 设置标题格式

❶ 选择第 1 行的标题行，单击【开始】选项卡的【样式】组中的【其他】标题按钮，在弹出的【样式】下拉列表中选择【标题】样式。

❷ 将鼠标光标定位在"1.产品规格"处，单击【开始】选项卡的【样式】组中的【其他】标题按钮，在弹出的【样式】下拉列表中选择【创建标题】选项。

❸ 弹出【根据格式创建样式】选项，单击【修改】按钮，弹出【根据格式设置创建新样式】对话框，在【样式基准】下拉列表中选择【标题 1】选项，设置字号为"五号"，单击左下角的【格式】按钮，在弹出的下拉列表中选择【段落】选项。

❹ 弹出【段落】对话框，在【间距】区域中设置段前和段后均为"0 磅"，行距为"单倍行距"，单击【确定】按钮，返回至【根据格式设置创建新样式】对话框中，单击【确定】按钮，使用格式刷 将其他标题设置格式。

第 3 步 设置正文格式

❶ 选中第 2 段和第 3 段内容，在【段落】对话框的【缩进和间距】选项卡中设置【特殊格式】为【首行缩进】，【磅值】为【2 字符】，设置完成后单击【确定】按钮。

② 使用格式刷 ✔ 设置其他文本内容格式。

效果图

③ 如图所示，选中"4. 为耳机配对"标题下的部分内容，单击【开始】选项卡下【段落】组中【编号】按钮 ☷ 右侧的下拉按钮，在弹出的下拉列表中选择一种编号。

单击

④ 单击文档中的图片，在图片右上角弹出【布局选项】按钮 ⬚，单击该按钮，在弹出的快捷菜单中选择【四周型环绕】选项。

单击

⑤ 单击图片，并拖动至其他位置，如图所示。使用同样的方法设置其他图片。

效果图

⑥ 将鼠标光标定位在"产品使用说明书"后方，单击【插入】选项卡下【页面】组中的【插入分页符】按钮 ┡ 分页 即可插入分页符。

单击

第 4 步　设置页眉和页码

① 将鼠标光标定位在第 2 页中，单击【插入】选项卡的【页眉和页脚】组中的【页眉】按钮，在弹出的下拉列表中选择【空白】选项。

单击

② 在页眉的【标题】文本域中输入"产品功能说明书"，然后单击【页眉和页脚工具】中【设计】选项卡下【关闭】组中的【关闭页眉和页脚】按钮。

单击

③ 单击【插入】选项卡下【页眉和页脚】组中的【页码】按钮，在弹出的下拉列表中选择【页面底端】▶【堆叠纸张 2】选项。

❹ 最终效果如图所示。

效果图

第 5 步　添加目录

❶ 将鼠标光标定位在第 2 页最后，单击【插入】选项卡下【页面】组中的【空白页】按钮，插入一页空白页。

单击

❷ 单击【引用】选项卡下【目录】组中的【目录】按钮，在弹出的下拉列表中选择【自动目录 1】选项。

单击

❸ 如图所示，自动添加目录，选中"目录"文本内容，单击【开始】选项卡下【段落】组中的【居中】按钮，将其居中对齐。

设置目录样式

❹ 添加目录之后，还可以在目录中进行手动编辑，如图所示，选中目录中第 1 行文本内容，按【Delete】键即可删除。

❺ 添加的目录最终效果如图所示，将其保存即可。

效果图

　　至此，一份完整的产品功能说明书就制作完成了。

18.2 活动节目清单

🎬 本节视频教学录像：6 分钟

　　公司年会或各地举办晚会都需要活动节目清单。活动节目清单需要包含活动的名称、举办时间、举办地点、时间安排、节目名称、演员名称以及其他后勤人员的安排等，一份完整且美观的活动节目清单是活动顺利进行的首要条件。Excel 具有强大的表格设计功能，用户可以根据需要对表格进行设置。使用 Excel 制作活动节目清单的效果如下图所示。

【案例效果展示】

效果图

【案例涉及知识点】

- 设置字体格式
- 设置单元格样式
- 设置单元格填充颜色

【操作步骤】

第 1 步 设置字体格式

默认情况下，在 Excel 2013 的表格中的字体格式是黑色、宋体和 11 号，如果对此字体格式不满意，可以更改。

❶ 打开随书光盘中的"素材 \ch18\ 活动节目清单 .xlsx"文件。

素材文件

❷ 选择单元格区域 A3:F20，设置其字号大小为"13"，且加粗。

设置文本样式

❸ 选中单元格区域 A1:F1，设置字号为"18"，加粗，字体颜色为"蓝色"，选中单元格区域 A2:F2，设置其字体为"华文中宋"，字号为"12"，加粗，字体颜色为"红色"。

单击

第 2 步 设置单元格格式

❶ 选中单元格区域 A1:F1，单击【开始】选项卡下【对齐方式】组中的【合并后居中】按钮，将其居中对齐。

设置标题

❷ 使用同样的方法，合并并居中其他单元格区域，选中单元格区域 A4:F19，设置其对齐方式为"左对齐"，设置单元格 A3 和 A20 的对齐方式为"居中"。

❸ 选中 A 列，将鼠标光标移至 A 列和 B 列中间，当鼠标光标变为 ✛ 时，单击鼠标左键向右拖动，直至 A 列单元格中的文字全部显示出来。

❹ 使用同样的方式设置其他单元格的列宽，如图所示。

❺ 选中标题栏 A1 单元格，单击【开始】选项卡下【字体】组中的【填充颜色】按钮右侧的下拉箭头，在弹出的下拉列表中选择"橙色"。

❻ 设置后的效果如图所示。

18.3 会议 PPT

🔊 本节视频教学录像：13 分钟

会议是人们为了解决某个共同的问题或出于不同的目的聚集在一起进行讨论、交流的活动。制作会议 PPT 首先要确定会议的议程，提出会议的目的或要解决的问题，并讨论这些问题，最后还要以总结性的内容或给出新的目标来结束幻灯片。

【案例效果展示】

【案例涉及知识点】

❖ 应用幻灯片主题
❖ 输入内容设置文本格式

【操作步骤】

第 1 步　创建会议首页幻灯片页面

首先来创建会议首页幻灯片页面。

❶ 启动 PowerPoint 2013 应用软件，创建一个空白演示文稿，进入 PowerPoint 工作界面。

❷ 单击【设计】选项卡【主题】组中【其他】按钮，在弹出的下拉菜单中选择【丝状】选项。

❸ 删除【单击此处添加标题】文本框，单击【插入】选项卡下【文本】组中的【艺术字】按钮，在弹出的下拉列表中选择【填充－褐色，着色2，锋利棱台】选项。

❹ 在插入的艺术字文本框中输入"公司会议"文本内容，并设置其【字号】为"80"，单击【加粗】按钮，【文字阴影】按钮，拖曳至合适位置。

效果图

❺ 选中艺术字，单击【格式】选项卡下【艺术字样式】组下的【文字效果】按钮，在弹出的下拉列表中选择【映像】选项下的【紧密映像，接触】选项。

❻ 插入【横排文本框】，并在该文本框中输入"郑州房产有限公司"文本内容，设置字体为"宋体"，设置其字号为"32"，字体颜色为"橙色"，并拖曳文本框至合适的位置。

❼ 单击【插入】选下卡下【图像】组中的【图片】按钮，弹出【插入图片】对话框，选择路径，并选择图片，单击【插入】按钮。

❽ 调整图片的大小及位置，如图所示。

第 2 步　创建会议纲要幻灯片页面

创建会议内容幻灯片页面的具体操作步骤如下。

❶ 单击【开始】选项卡下【幻灯片】组中的【新建幻灯片】按钮，在弹出的快捷菜单中选择【标题和内容】幻灯片选项。

❷ 在新添加的幻灯片中单击【单击此处添加标题】文本框，并在该文本框中输入"议程"文本内容，设置其字体为"隶书"且加粗，设置字号为"40"，字体颜色为"绿色"，打开随书光盘中的"素材 \ch18\ 议程 .txt"文件，将其内容复制至"单击此处添加文本"对话框，设置其字体为"宋体"，字号大小为"32"，并添加如图所示项目符号。

第 3 步　创建会议内容幻灯片页面

创建会议讨论幻灯片页面的具体操作步骤如下。

❶ 单击【开始】选项卡下【幻灯片】组中的【新建幻灯片】按钮，在弹出的快捷菜单中选择【标题和内容】幻灯片选项，并在标题文本框中输入"公司概括"文本内容，设置其字体为"隶书"且加粗，设置字号为"40"，字体颜色为"绿色"，对齐方式为"居中对齐"。

❷ 打开随书光盘中的"素材 \ch18\ 公司概括 .txt"文件，将其文本内容粘贴至【单击此处添加文本】文本框中。

❸ 单击【插入】选项卡下【插图】组中的【SmartArt】按钮，弹出【选择 SmartArt 图形】对话框，如图所示，选择一种 SmartArt 图形，单击【确定】按钮。

❹ 将 SmartArt 图形插入幻灯片后，输入内容，并调整大小及位置，设置如图所示幻灯片。

调整 SmartArt 图形大小及位置

❺ 添加一张【标题和内容】幻灯片，在标题中输入"公司面临的问题"文本内容，设置其字体为"隶书"，加粗，设置字号为"40"，字体颜色为"绿色"，对齐方式为"居中对齐"。

输入标题并设置标题样式

❻ 打开随书光盘中的"素材\ch18\问题.txt"文件，将其文本内容粘贴至【单击此处添加文本】文本框中，设置其字号大小为"20"，并添加如图所示项目符号。

输入文本内容

❼ 使用同样的方法创建第 5 张和第 6 张幻灯片。

效果图

效果图

第 4 步 创建会议结束幻灯片页面

具体操作步骤如下。

❶ 单击【开始】选项卡下【幻灯片】组中的【新建幻灯片】按钮，在弹出的快捷菜单中选择【空白】幻灯片选项。然后单击【插入】选项卡下【文本】组中的【艺术字】按钮，在弹出的下拉列表中选择【图案填充 - 白色，文本 2，深色上对角线，阴影】选项。

单击

❷ 在插入的艺术字文本框中输入"谢谢！"文本内容，并设置【字号】为【96】，设置【字体】为【华文行楷】。

插入的艺术字

❸ 至此，公司会议 PPT 制作完成，将其保存为"公司会议.pptx"即可，最终效果如图所示。

效果图

第

19章

Office 在人力资源管理中的应用

本章视频教学录像：40 分钟

本章导读

人力资源管理是一项系统又复杂的组织工作。使用 Office 2013 系列应用组件可以帮助人力资源管理者轻松、快速地完成各种文档、数据报表及幻灯片的制作。

重点导读

- ✚ 掌握制作公司奖罚制度的方法
- ✚ 掌握制作员工工资考核管理表的方法
- ✚ 掌握员工培训 PPT 的方法

19.1 制作公司奖罚制度

本节视频教学录像：11 分钟

公司奖罚制度是公司为了维护正常的工作秩序，保证工作能够高效有序进行而制定的一系列奖罚措施。基本上每个公司都有自己的奖罚制度，其内容根据公司的情况的不同而各不相同。制作公司奖罚制度的效果图如图所示。

【案例效果展示】

最终效果

【案例涉及知识点】

- 设置背景颜色
- 设置文本格式
- 设置页眉页脚

设置后的背景颜色

第 1 步：设置页面背景颜色

在制作公司奖罚制度之前，需要先设置页面的背景颜色。具体的操作步骤如下。

❶ 新建一个 Word 文档，命名为"公司奖罚制度 .docx"，并将其打开。单击【设计】选项卡下【页面背景】选项组中的【页面颜色】按钮，在弹出的下拉列表中选择一种背景颜色，这里选择"白色，背景 1，深色 5%"颜色。

第 2 步：撰写内容并设计版式

设置完页面背景，可以撰写公司奖罚制度的内容并对版式进行设计，具体的操作步骤如下。

❶ 打开随书光盘中的"素材 \ch19\ 公司奖罚制度 .txt"文档，复制其内容，然后将其粘贴到 Word 文档中。

❷ 即可为文档设置背景颜色。

粘贴文本内容

❷ 选择标题文字，设置标题字体为"华文行楷"，字号为"三号"，加粗并居中显示。设置文本内容字体为"仿宋"，字号为"小四"。设置第一段段落格式为首行缩进 2 字符。

❸ 选择除标题和第一段外的其余内容，单击【页面布局】选项卡下【页面设置】选项组中的【分栏】按钮 ，在弹出的下拉列表中选择【更多分栏】选项，弹出【分栏】对话框，在【预设】中选择【两栏】选项，单击选中【分隔线】复选框，单击【确定】按钮。

❹ 此时文档所选内容即会以双栏显示。

第 3 步：设计页眉页脚

可以为文档设置页眉页脚，具体的操作步骤如下。

❶ 单击【插入】选项卡下【页眉和页脚】选项组中的【页眉】按钮，在弹出的下拉列表中选择【空白】选项。

❷ 在页眉中输入内容，这里输入"XX 公司奖罚制度"。设置【字体】为【仿宋】，【字号】为【小五】。

❸ 使用同样的方法为文档插入页脚内容"XX公司"，设置页脚【字体】为【仿宋】，【字号】为【小五】，然后单击【开始】选项卡下【段落】选项组中的【右对齐】按钮，设置的效果如图所示。

❹ 在文档的任意处双击，关闭页眉页脚编辑状态，添加页眉页脚后如下图所示。

第 4 步：插入 SmartArt 图形

一份公司奖罚制度仅以单纯的文字显示，难免有些单调，为其添加 SmartArt 图形可以增加文档的美感。可以在文档中添加"奖励的工作流程"SmartArt 图形和"惩罚的工作流程"SmartArt 图形，具体的操作步骤如下。

281

❶ 在"二、惩罚"的内容前面按【Enter】键另起一行，在空白行输入文字"奖励的工作流程："，设置【字体】为【华文行楷】，【字号】为【小四】，字体颜色为【橙色，着色2，深色25%】。

设置字体格式

❷ 在"奖励的工作流程："内容后按【Enter】键，单击【插入】选项卡下【插图】选项组中的【SmartArt】按钮。

单击

❸ 弹出【选择SmartArt图形】对话框，选择【流程】选项卡，然后选择【重复蛇形流程】选项，单击【确定】按钮。

1. 单击
2. 单击
3. 单击

❹ 即可在文档中插入SmartArt图形，在SmartArt图形的【文本】处单击，输入相应的文字并调整SmartArt图形大小。

在SmartArt图形中输入文字

❺ 按照同样的方法，为文档添加"惩罚的工作流程"SmartArt图形，在SmartArt图形上输入相应的文本并调整大小后如图所示。

制作的SmartArt图形

❻ 至此，公司奖罚制度制作完成。最终效果如图所示。

公司奖罚制度

19.2 员工工资考核管理表

🎬 本节视频教学录像：7分钟

人事部门在计算每月的工资时都会对员工做一次考核，这不但可以对员工进行督促和检查，还可以根据考核情况发放绩效工资。下图为员工工资考核管理表的最终效果。

【案例效果展示】

最终效果

【案例涉及知识点】

- 公式的运用
- 使用函数
- 使用条件格式

第 1 步：计算完成率

❶ 打开随书光盘中的"素材 \ch19\ 员工工资考核管理表 .xlsx"工作簿，在单元格 H3 中输入公式"=G3/F3"。

输入公式

❷ 按【Enter】键确认，发现计算结果格式不正确。选择 H3 单元格，单击【开始】选项卡下【数字】选项组中的【百分比样式】按钮 %。

单击

❸ 即可看到单元格 H3 显示的计算结果为"77%"。

得出结果

第 2 步：计算绩效工资和合计工资

❶ 在单元格 I3 中输入公式"=IF(H3>=50%,IF(H3>=100%,1000,500),200)"，按【Enter】键确认。

输入公式

📝 **提示** 公式"=IF(H3>=50%,IF(H3>=100%,1000,500),200)"表示如果员工销售完成率小于 50%，则绩效工资为 200，如果完成率在 50%~100%，则绩效工资为 500，如果完成率大于 100%，则绩效工资为 1000。

❷ 即可计算出绩效工资，使用填充柄填充 I4:I26 单元格区域，如下图所示。

填充结果

❸ 选择单元格 K3，单击【公式】选项卡下【函数库】选项组中的【插入函数】按钮。

❹ 弹出【插入函数】对话框，在【选择函数】列表框中选择【SUM】函数，单击【确定】按钮。

❺ 弹出【函数参数】对话框，在【Number1】文本框中输入"C3"，【Number2】文本框中输入"D3"，【Number3】文本框中输入"E3"，【Number4】文本框中输入"I3"，【Number5】文本框中输入"J3"，单击【确定】按钮。

❻ 即可计算出合计工资，使用填充柄填充 K4:K26 单元格区域，如下图所示。

第 3 步：设置条件格式

❶ 选择单元格区域 H3:H26，单击【开始】选项卡下【样式】选项组中的【条件格式】按钮，在弹出的下拉列表中选择【突出显示单元格规则】➤【介于】选项。

❷ 弹出【介于】对话框，设置如图所示格式，在【设置为】下拉列表中选择【自定义格式…】选项。

❸ 弹出【设置单元格格式】对话框，切换到【填充】选项卡，选择【填充颜色】为"浅蓝色"，单击【确定】按钮。

❹ 返回【介于】对话框，单击【确定】按钮，即可为完成率在 50%~100% 的单元格设置填充效果。

F	G	H	I	J	K
¥130,000.00	¥78,036.00	60%	500	200	2900
¥210,000.00	¥183,920.00	88%	500	150	2850
¥70,000.00	¥86,273.00	123%	1000	250	3450
¥110,000.00	¥120,672.00	110%	1000	0	2900
¥130,000.00	¥140,358.00	108%	1000	100	3300
¥250,000.00	¥103,592.00	41%	200	50	2150
¥80,000.00	¥82,630.00	103%	1000	150	3350
¥95,000.00	¥102,364.00	108%	1000	100	3300
¥81,000.00	¥48,256.00	60%	500	100	2500
¥120,000.00	¥73,692.00	61%	500	100	2800
¥145,000.00	¥80,586.00	56%	500	50	2750
¥200,000.00	¥93,068.00	47%	200	150	2550
¥110,000.00	¥39,523.00	36%	200	150	2550
¥120,000.00	¥135,820.00	113%	1000	150	3050
¥90,000.00	¥82,563.00	92%	500	0	2400
¥110,000.00	¥62,645.00	57%	500	100	2500
¥150,000.00	¥102,596.00	68%	500	300	3100
¥130,000.00	¥130,569.00	100%	1000	200	3100
¥120,000.00	¥75,632.00	63%	500	150	2550
¥100,000.00	¥72,563.00	73%	500	150	2550
¥115,000.00	¥46,593.00	41%	500		2200
¥210,000.00	¥152,369.00	73%	5		2500

最终效果

❺ 使用类似的方法设置"完成率大于100%"的单元格填充效果，至此，员工工资考核表制作完成，如图所示。

19.3 员工培训 PPT

本节视频教学录像：22 分钟

员工培训是组织或公司为了开展业务及培训人才的需要，采用各种方式对员工进行有目的、有计划的培养和训练的管理活动，以使员工不断更新知识，开拓技能，从而提高工作的效率。员工培训 PPT 的最终效果如图所示。

【案例效果展示】

最终效果

【案例涉及知识点】

- 插入图片
- 使用艺术字
- 插入切换效果和动画

第 1 步：创建员工培训首页幻灯片页面

❶ 启动 PowerPoint 2013，并进入工作界面。保存 PPT 文档并将 PPT 命名为"员工培训.pptx"。

❷ 单击【设计】选项卡下【自定义】选项组中的【幻灯片大小】按钮，在弹出的下拉列表中选择【标准（4:3）】选项。

❸ 单击【设计】选项卡下【主题】选项组中的【其他】按钮，在弹出的下拉列表中选择【自定义区域】内的【主题 1】选项。

❹ 单击【单击此处添加标题】文本框，输入"员工培训"文本，设置其【字体】为"方正舒体"，【字号】为"96"。

设置字体格式

❺ 单击【单击此处添加副标题】文本框，输入"演讲者：孔经理，2013年8月2日"。

输入副标题

❻ 单击【插入】选项卡下【图像】选项组中的【图片】按钮，在弹出的【插入图片】对话框中选择要插入的图片，这里选择随书光盘中的"素材\ch19\员工培训\员工培训1.jpg"图片，单击【插入】按钮。

选择图片

❼ 对插入的图片进行调整后，单击【格式】选项卡下【图片样式】选项组中的【其他】按钮，在弹出的下拉列表中选择【柔化边缘椭圆】选项，即可为插入的图片设置柔化边缘椭圆样式。

单击

❽ 选中"员工培训"文本框，单击【动画】选项卡下【动画】选项组中的【其他】按钮，在弹出的列表中选择【翻转式由远及近】选项。

单击

❾ 单击【动画】选项卡下【动画】选项组中的【开始】右侧的下拉按钮，在弹出的下拉列表中选择【上一动画之后】选项，设置动画的开始时间为"上一动画之后"。

单击

❿ 单击【切换】选项卡下【切换到此幻灯片】选项组中的【其他】按钮，在弹出的下拉列表中选择【淡出】选项，为本张幻灯片设置切换效果。

单击

第2步：创建员工培训欢迎幻灯片页面

❶ 新建【标题和内容】幻灯片，删除【单击此处添加标题】和【单击此处添加文本】文本框，插入随书光盘中的"素材\ch19\员工培训\员工培训2.jpg"图片，调整图片的大小及位置并为图片设置柔化边缘椭圆样式。

插入的图片

❷ 单击【插入】选项卡下【文本】选项组中的【艺术字】按钮，在弹出的下拉列表中选择【填充 -靛蓝，着色 1，阴影】选项。

单击

❸ 在插入的艺术字文本框中输入"欢迎！"文本，设置其【字体】为【汉仪彩云简体】，【字号】为"96"，设置【字体颜色】为"青色，着色 2，深色 25%"，调整艺术字的位置。

插入艺术字

❹ 单击【切换】选项卡下【切换到此幻灯片】选项组中的【其他】按钮，在弹出的下拉列表中选择【闪光】选项，为本张幻灯片设置切换效果。

单击

第 3 步：创建员工培训公司简介幻灯片

❶ 新建【标题和内容】幻灯片，单击【单击此处添加标题】文本框，输入"公司简介"文本。

输入文本

❷ 单击【单击此处添加文本】文本框，输入公司简介的内容（用户可以打开随书光盘中的"素材\ch19\员工培训\公司简介 .txt"文档，复制粘贴即可）。

❸ 选中公司简介的内容，单击【开始】选项卡下【段落】选项组中的【行距】按钮，在弹出的下拉列表中选择"1.0"选项，设置文本行距为"单倍行距"。

单击

❹ 单击【开始】选项卡下【段落】选项组中的【项目符号】按钮右侧的下拉按钮，在弹出的下拉列表中选择【项目符号和编号】选项。

⑤ 弹出【项目符号和编号】对话框，选择一种项目符号，并设置项目符号的颜色为"橙色，着色2，深色80%"，单击【确定】按钮。

⑥ 效果如图所示。

⑦ 选中公司简介内容的文本框，单击【动画】选项卡下【动画】选项组中的【其他】按钮，在弹出的列表中选择【浮入】选项，设置动画的开始时间为"上一动画之后"。

⑧ 单击【切换】选项卡下【切换到此幻灯片】选项组中的【其他】按钮，在弹出的下拉列表中选择【擦除】选项，为本张幻灯片设置切换效果。

第4步：创建员工培训学习目标幻灯片

❶ 新建【标题和内容】幻灯片，单击【单击此处添加标题】文本框，输入"学习目标"文本。

❷ 单击【单击此处添加文本】文本框，输入学习的内容，设置其【字体】为"华文行楷"，【字号】为"40"，并设置字体及项目符号的颜色为"橙色，着色2，深色80%"。

❸ 插入随书光盘中的"素材 \ch19\ 员工培训 \ 员工培训 3.jpg"图片，调整图片的大小及位置并为图片设置映像圆角矩形样式。

选中插入的图片

❹ 选中插入的图片，单击【动画】选项卡下【动画】选项组中的【其他】按钮，在弹出的列表中选择【动作路径】组中的【形状】选项，设置动画的开始时间为"上一动画之后"。

单击

❺ 选中学习目标内容文本框，单击【动画】选项卡下【动画】选项组中的【其他】按钮，在弹出的列表中选择【浮入】选项，设置动画的开始时间为"与上一动画同时"。

单击

❻ 单击【转换】选项卡下【切换到此幻灯片】选项组中的【其他】按钮，在弹出的下拉列表中选择【形状】选项，为本张幻灯片设置切换效果。

单击

第 5 步：创建员工培训曲线学习技术幻灯片页面页面

❶ 新建【标题和内容】幻灯片，单击【单击此处添加标题】文本框，输入"曲线学习技术"文本。

输入标题

❷ 将【单击此处添加文本】文本框删除，单击【插入】选项卡下【插图】选项组中的【图标】按钮。

单击

❸ 弹出【插入图标】对话框，选择【折线图】组中的【堆积折线图】选项，单击【确定】按钮。

❹ 在弹出的【Microsoft PowerPoint 中的图表】对话框中设置如下数据。

❺ 关闭【Microsoft PowerPoint 中的图表】对话框，调整图表的位置，效果如图所示。

❻ 选择图表的数据系列，单击鼠标右键，在幻灯片右侧弹出【设置数据系列格式】窗格，设置数据系列线条的填充颜色为"浅蓝色"。

❼ 删除图表下方的"-进度"字样，在幻灯片中插入一个五角星形状。

❽ 选择五角星形状，设置五角星形状的【填充颜色】为"浅蓝色"，【填充轮廓】为"无轮廓"，调整形状至合适的位置。

❾ 插入随书光盘中的"素材\ch19\员工培训\员工培训4.jpg"图片，调整图片的大小及位置并为图片设置柔化边缘矩形样式。

❿ 单击【转换】选项卡下【切换到此幻灯片】选项组中的【其他】按钮，在弹出的下拉列表中选择【梳理】选项，为本张幻灯片设置切换效果。

第 6 步：创建员工培训总结幻灯片页面

❶ 新建【标题和内容】幻灯片，单击【单击此处添加标题】文本框，输入"总结"文本。

❷ 单击【单击此处添加文本】文本框，输入总结的内容。

❸ 选择总结的内容文本，设置其【字体】为"华文行楷"，【字号】为"32"，并设置字体及项目符号的颜色为"青色，着色 2，深色25%"。

❹ 插入随书光盘中的"素材 \ch19\ 员工培训 \员工培训 5.jpg"图片，调整图片的大小及位置并为图片设置柔化边缘矩形样式。

❺ 选中学习目标内容文本框，单击【动画】选项卡下【动画】选项组中的【其他】按钮▾，在弹出的列表中选择【随机线条】选项，设置动画的开始时间为"上一动画之后"。

❻ 单击【转换】选项卡下【切换到此幻灯片】选项组中的【其他】按钮▾，在弹出的下拉列表中选择【擦除】选项，为本张幻灯片设置切换效果。

第 7 步：创建员工培训结束幻灯片页面

❶ 新建【空白】幻灯片，插入随书光盘中的"素材 \ch19\ 员工培训 \ 员工培训 6.jpg"图片，调整图片的大小及位置。

插入的图片

❷ 单击【插入】选项卡下【文本】选项组中的【艺术字】按钮，在弹出的下拉列表中选择【填充 –紫色，着色 3，锋利棱台】选项。

单击

❸ 在插入的艺术字文本框中输入"培训结束，谢谢大家！"文本，设置其【字号】为"60"，设置【字体颜色】为"青色，着色 2，深色 25%"，调整艺术字的位置。

培训结束，谢谢大家！

插入艺术字

❹ 选中艺术字文本框，单击【动画】选项卡下【动画】组中的【其他】按钮，在弹出的列表中选择【旋转】选项，设置动画的开始时间为"上一动画之后"。

单击

❺ 单击【转换】选项卡下【切换到此幻灯片】选项组中的【其他】按钮，在弹出的下拉列表中选择【覆盖】选项，为本张幻灯片设置切换效果。

单击

❻ 保存制作好的"员工培训 PPT"文档，最终效果如下图所示。

最终效果

第 20 章

Office 在市场营销中的应用

本章视频教学录像：31 分钟

高手指引

市场营销工作人员经常要制作新产品评估报告、产品目录价格表，这些文件通过 Office 都可以轻松完成。

重点导读

+ 掌握制作项目评估报告的方法
+ 掌握制作产品目录价格表的方法
+ 掌握制作投标书的方法

20.1 项目评估报告

本节视频教学录像：16 分钟

项目评估报告是企业按照为某一项目的实施，依照市场，调查、预测与决策等，对项目的实施从时间、人力、物力以及财力上做出的具体安排，项目评估报告因为不同的项目在制作时会有自己的特点。通常情况下，包括标题、概论、指导思想、中心思想、市场定位、策略等内容。

【案例效果展示】

效果图

【案例涉及知识点】

- ❖ 页面设置
- ❖ 制作封面
- ❖ 设置内容样式
- ❖ 提取目录

【操作步骤】

第 1 步：页面设置

在制作项目评估报告之前，需要先对页面的大小进行设置，具体操作步骤如下。

❶ 新建一个空白文档，并保存为"项目评估报告 .docx"，然后单击【页面布局】选项卡【页面设置】选项组中的 按钮，弹出【页面设置】对话框，单击【页边距】选项卡，设置页边距的【上】、【下】为"2.54 厘米"，【左】为"3厘米"、【右】为"2 厘米"。

设置页面

❷ 单击【纸张】选项卡，【纸张大小】各项设置为默认值。

设置纸张

❸ 单击【文档网格】选项卡，设置【文字排列】的【方向】为"水平"，【栏数】为"1"，之后单击【确定】按钮，完成页面设置。

1. 设置文字排列方向和栏数

2. 单击

第 2 步：制作封面

项目评估报告的首页应从封面设计开始，具体操作步骤如下。

❶ 按【Enter】键 5 次，设置 5 行空白段落，在页面中输入"项目评估报告"文本，并将每行每个字按一个段落设置。

输入标题

❷ 将"项目评估报告"段落格式设置为"居中对齐"，并设置其【字体】为"黑体"，【字号】为"60"，段落的【段前】值设为"0.5 行"，段后值设置为"0.5 行"，效果如图所示。

设置标题字体

❸ 在封面的右下角输入日期等内容。

公司：XX 房地产有限公司
拟定人：赵 XX
日期：2013 年 8 月 5 号

输入内容

第 3 步：设置内容样式

项目评估报告的内容应根据项目的实际需求而定，其内容可详可略。制作项目评估报告的具体操作步骤如下。

❶ 打开随书光盘中的"素材 \ch20\ 项目评估 .txt"，将该文档的文本全部复制到"项目评估报告 .docx"文档中。

输入文档

❷ 选择标题"一、进度管理"文本，设置其【字体】为"黑体"，【字号】为"小三"，单击【开始】选项卡下【剪贴板】选项组中的【格式刷】按钮，分别将其他标题刷为相同格式，如图所示。

设置标题样式

❸ 选择正文内容"1. 项目总体计划性如何……按步骤顺利地进行。"，设置其【字体】为"方正楷体简体"，【字号】为"小四"；设置【段落缩进】为"悬挂缩进"，【缩进值】为"0.5 厘米"，设置【行距】为"1.5 倍行距"；再次单击【格式刷】按钮，将其他正文内容刷为相同格式，如图所示。

设置正文样式

> **提示** 如果计划书的内容比较多，结构分得比较详细，可以根据需要对文本内容的其他标题进行不同样式的设置。

❹ 单击【插入】选项卡【页眉和页脚】选项组中的【页面】按钮，在弹出的下拉列表中选择【空白】选项。

单击

❺ 在页眉中输入"XX 地产"文本，设置"XX 地产"的【字体】为"方正舒体"，【字号】为"小五"，并"右对齐"显示。

输入并设置页眉样式

❻ 在【页眉和页脚工具】➤【设计】选项卡中单击选中【选项】选项组中的【首页不同】复选框，对首页页眉不设置任何内容。

单击

❼ 在【页眉和页脚工具】➤【设计】选项卡下，单击【页眉和页脚】选项组中的【页码】按钮，在弹出的下拉列表中选择【页面底端】➤【加粗显示数字 2】选项。

单击

❽ 插入页码的效果如图所示，此时首页不显示页码。

效果图

❾ 单击【设计】选项卡【关闭】选项组中的【关闭页眉和页脚】按钮，关闭页眉和页脚的设置。

第 4 步：提取目录

❶ 按【Ctrl】键，选中所有的标题文本，在【段落】对话框中【常规】选项中设置【对齐方式】为"居中"，【大纲级别】为"1 级"；在【间距】选项中设置【段前】为"0.5 行"，【段后】为"0.5 行"，单击【确定】按钮。

1. 设置对齐方式和大纲级别

2. 设置间距

3. 预览

4. 单击

❷ 将光标定位于第 2 页开头处，单击【插入】选项卡【页】选项组中的【空白页】按钮，在文档的第 1 页与第 2 页之间插入一个空白页。将光标定位于新插入的空白页面中，单击【引用】选项卡【目录】选项组中的【目录】按钮，在弹出的下拉列表中选择【自动目录 1】选项。

❸ 此时将根据文章的标题插入一个目录。

❹ 选择"目录"二字，设置其【字体】为"黑体"，【字号】为"二号"，【颜色】为"黑色"，并进行居中显示，然后在两个字之间敲入两个空格。

📝 **提示** 当文章"标题"/"页码"发生变化时，单击【引用】选项卡【目录】选项组中的【更新目录】按钮，弹出【更新目录】对话框，单击选中【只更新页码】/【更新整个目录】单选项，单击【确定】按钮，即可完成"标题"/"页码"的改变。

❺ 最终效果如图所示。

效果图

20.2 产品目录价格表

📽 本节视频教学录像：4 分钟

产品目录价格表主要用来统计和反应某类新产品目前的市场状况，为公司制定下一步计划提供依据和参考。

【案例效果展示】

	品种	材质	规格	价格	钢厂/产地	备注
1	品种	材质	规格	价格	钢厂/产地	备注
2	高线	HPB235	Φ6.5	3370	萍钢	暂缺
3				暂缺 计数		1
4	碳结圆钢	45#	Φ16-40	3650	萍钢	货少
5				货少 计数		1
6	热轧板卷	SPHC	2.0*1250*C	3700	鞍钢	货少,理计
7	翼缘板	Q235B	8*150	3730	鞍钢	货少,理计
8	冷轧硬卷	SPCC-1B	0.2*1000*C	3842	梅钢	货少,理计
9				货少,理计 计数		3
10	普中板	Q235B	6	3880	鞍钢	货少
11	热轧酸洗板卷	SPHC	1.8*1250*C	4000	梅钢	货少
12	焊管	Q195-215	Φ20*2.0	4000	济钢	货少
13	花纹板卷	H-Q195P	1.8*1050*C	4020	梅钢	货少
14	冷轧板卷	ST12	1.0*1250*C	4400	鞍钢	货少
15	镀锌管	Q195-215	Φ27*2.5	4650	济钢	货少
16	结构管	20#(GB/T19)	Φ25*2.5	5550	萍钢	货少
17				货少 计数		7
18	镀锡板卷	DR8	0.16*895*C	7480	宝钢	B级品
19				B级品 计数		1
20	彩涂板卷	TDC51D+Z	0.4*1000*C	7680	宝钢	海蓝;白灰;2/1
21				海蓝;白灰;2/1 计		1

Sheet1

效果图

【案例涉及知识点】

- 设置边框和底纹
- 使用排序
- 使用分类汇总

【操作步骤】

第1步：设置边框和底纹

❶ 打开随书光盘中的"素材 \ch20\ 产品目录价格表 .xlsx"文件，选择单元格区域 A1:F15。

选择单元格区域

❷ 单击【开始】选项卡下【字体】选项组中的 按钮，弹出【设置单元格格式】对话框，在【边框】选项卡下分别设置单元格的内、外边框线。

设置边框线

预览效果图

❸ 在【填充】选项卡下单击【填充效果】按钮，在弹出的【填充效果】对话框中，单击选中【双色】单选项，分别在颜色1和颜色2中选择一种颜色；在【底纹样式】选项中单击选中【角部辐射】单选项，然后单击【确定】按钮。

1. 选择颜色

2. 单击   3. 单击

❹ 最终效果如图所示。

最终效果

第2步：排序

❶ 单击 E 列数据区域的任一单元格，在【数据】选项卡中，单击【排序和筛选】选项组中的【降序排列】按钮。

单击

❷ 完成"钢厂 / 产地"的降序排列。

排序效果

第3步：分类汇总

❶ 选择任一单元格，在【数据】选项卡中，单击【分级显示】选项组中的【分类汇总】按钮，弹出【分类汇总】对话框。在【分类字段】下拉列表中选择【备注】选项。

最终效果

❷ 单击【确定】按钮，汇总结果如图所示。

20.3 投标书

本节视频教学录像：11 分钟

投标书是某公司在充分领会招标文件，进行现场实地考察和调查的基础上，按照招标书的条件和要求所编制文书。标书中不但要提出具体的标价及有关事项，而且要达到招标公告提出的要求。

【案例效果展示】

效果图

【案例涉及知识点】

- ❖ 设置字体格式
- ❖ 设置图片格式
- ❖ 添加动画

第 1 步：创建首页幻灯片

创建幻灯片应从片头开始，主要包含幻灯片的主标题和副标题以及其他信息，具体操作步骤如下。

❶ 在打开的 PowerPoint 工作界面中，单击【设计】选项卡【主题】选项组中的【其他】按钮，在弹出的下拉列表中选择【丝状】选项。

❷ 删除【单击此处添加标题】文本框，单击【插入】选项卡【文本】选项组中的【艺术字】按钮，在弹出的下拉列表中选择"填充 – 橄榄色，着色 4，软棱台"选项。

299

❸ 在插入的艺术字文本框中输入"XX 建筑服务有限公司投标书"文本，并设置其【字号】为"65"，【字体】为"幼圆（正文）"，并拖曳其到合适位置。

❹ 单击【单击此处添加副标题】文本框，输入"一关于 XX 履带式挖掘机项目"文本，设置其【字体】为"幼圆（正文）"，【字号】为"44"，【颜色】为"橄榄色，着色 5，深色 50%"并拖曳文本框至合适位置。

❺ 单击【插入】选项卡下【文本】选项组中的【文本框】按钮，在弹出的下拉列表中选择【横排文本框】选项。

❻ 在文本框中输入"编号：008 号"，并设置字体格式如图所示。

第 2 步：创建投标书和公司简介幻灯片

❶ 单击【开始】选项卡【幻灯片】选项组中的【新建幻灯片】按钮，在弹出的下拉列表中选择【标题和内容】幻灯片选项。

❷ 在新添加的幻灯片中单击【单击此处添加标题】文本框，输入"投标书"文本，设置其【字体】为"宋体"，【字号】为"60"，并拖曳文本框至合适位置。

❸ 单击【单击此处添加文本】文本框，输入文本，然后设置其文本样式如图所示，并拖曳文本框至合适位置。（此文本可直接从"素材 \ch20\ XX 建筑服务有限公司投标书 .docx"中复制粘贴，以下文本输入类同。）

❹ 使用同样方法设置公司简介幻灯片页面，效果如图所示。

公司简介

XX建筑服务有限公司自1996年成立以来，就以"质量第一，信誉第一"为宗旨，与广大客户建立了良好的合作关系，并与XX市各大院校建立了技术与信息交流平台，使企业的生产能力和技术水平始终处于领先地位。

企业以实力铸造品牌，以诚信谋求发展，采用先进的生产技术，研制出适合国情的高性价比产品。一经投放市场，就以过硬的质量、完善的售后服务，良好的市场信誉，赢得了广大用户的欢迎。"以人为本，质量第一，用户至上"的原则，始终贯彻在企业生产管理的每一个环节。

XX建筑服务有限公司全体员工，以市场为导向，以实力为后盾，与时俱进，开拓创新，不断开拓产品市场空间，构筑可持续发展的战略平台，以优良的产品和优质的服务，真诚回报用户。

第3步：　创建产品规格幻灯片页面

❶ 新建一张空白幻灯片，单击【插入】选项卡下【表格】选项组中的【表格】按钮，在弹出的下拉列表中选择【插入表格】选项。

❷ 弹出【插入表格】对话框，分别设置其行和列为"14、2"，单击【确定】按钮即可插入表格。

❸ 选择表格，在【表格工具】➤【设计】选项卡下【表格样式】选项组中单击▾按钮，在弹出的下拉列表中选择【中度样式2-强调5】选项。

❹ 选择第1行表格，单击【表格工具】➤【布局】选项卡下【合并】选项组中的【合并单元格】按钮 ▦，即可合并第一行。

❺ 使用同样方法合并其他单元格，效果如图所示。

合并单元格区域后的效果

❻ 在单元格中输入如图所示内容，设置其样式并调整单元格的行高和列宽。

在表格中输入内容

❼ 在幻灯片中插入图片，拖曳到如图所示位置并调整大小合适。

插入的图片

❽ 选中图片，单击【图片工具】➤【格式】选项卡下【图片样式】选项组中的▾按钮，在弹出的下拉列表中选择【柔化边缘椭圆】选项。

⑨ 最终效果如图所示。

图片设置后的效果

⑩ 使用同样的方法创建其他幻灯片页面，最终效果如图所示。

第 4 步：添加动画

❶ 选中第 1 张幻灯片中的标题，单击【动画】选项卡下【动画】选项组中的▼按钮，在弹出的下拉列表中选择【淡出】选项。

❷ 即可对标题添加动画，如图所示。按照上述方法，为其他幻灯片内容添加动画效果。

编号：08号

XX建筑服务有

添加的动画

❸ 选中第 2 张幻灯片，单击【切换】选项卡【切换到此幻灯片】选项组中的▼按钮，在弹出的下拉列表中选择【折断】选项，即可为第 2 张幻灯片添加切换效果。

❹ 使用同样方法为其他幻灯片添加切换效果。如从第 3 张开始分别为"随机线条"、"涡流"、"碎片"、"切换"、"推进"、"覆盖"和"淡出"的切换效果，最终效果如图所示。

最终效果

第6篇
高手秘籍篇

第 **21** 章　Office 2013 组件间的协同应用

Office 2013 VBA 的应用　第 **22** 章

第 **23** 章　Office 2013 的共享与安全

第 **24** 章　Office 2013 办公文件的打印

Office 的跨平台应用——移动办公　第 **25** 章

第 21 章

Office 2013 组件间的协同应用

📽 **本章视频教学录像：41 分钟**

高手指引

在 Office 2013 办公软件中，Word、Excel、PowerPoint 和 Outlook 等组件之间可以通过资源共享和相互调用，以提高工作效率。本章主要介绍 Office 2013 组件之间的协同办公应用的方法。

重点导读

+ 掌握 Word 2013 与其他组件协同应用的方法
+ 掌握 Excel 2013 与其他组件协同应用的方法
+ 掌握 PowerPoint 2013 与其他组件协同应用的方法
+ 掌握 Outlook 2013 与其他组件协同应用的方法

21.1 Word 2013 与其他组件的协同

本节视频教学录像：12 分钟

在 Word 中不仅可以创建 Excel 工作表，而且可以调用已有的 PowerPoint 演示文稿，来实现资源的共用。

21.1.1 在 Word 中创建 Excel 工作表

在 Word 2013 中可以创建 Excel 工作表，这样不仅可以使文档的内容更加清晰，表达的意思更加完整，还可以节约时间，具体操作步骤如下。

❶ 打开随书光盘中的"素材 \ch21\ 创建 Excel 工作表 .docx"文件，将鼠标光标定位置需要插入表格的位置，单击【插入】选项卡下【表格】选项组中的【表格】按钮，在弹出的下拉列表中选择【Excel 电子表格】选项。

❷ 返回 Word 文档，即可看到插入的 Excel 电子表格，双击插入的电子表格即可进入工作表的编辑状态。

❸ 在 Excel 电子表格中输入如图所示数据。

❹ 选择单元格区域 A1:D6，单击【插入】选项卡下【图表】组中的【插入柱形图】按钮 ，在弹出的下拉列表中选择【簇状柱形图】选项。

❺ 即可在图表中插入下图所示柱形图，将鼠标光标放置在图表上，当鼠标变为 形状时，按住鼠标左键，拖曳图表区到合适位置。

❻ 在图表区【图表标题】文本框中输入"近年净利润"，并设置其字体为"宋体"、字号为"14"，单击图表区的空白位置。

❼ 选择【绘图区】区域并单击鼠标右键，在弹出的快捷工具栏中单击【填充】按钮，在下拉菜单栏中选择【纹理】➤【画布】选项。

❽ 再次调整工作表的大小和位置，并单击文档的空白区域返回 Word 文档的编辑窗口，最终效果如图所示。

21.1.2 在 Word 中调用 PowerPoint 演示文稿

在 Word 中不仅可以直接调用 PowerPoint 演示文稿，还可以在 Word 中播放演示文稿，具体操作步骤如下。

❶ 打开随书光盘中的"素材 \ch21\Word 调用 PowerPoint.docx"文件，将鼠标光标定位在要插入演示文稿的位置。

❷ 单击【插入】选项卡下【文本】选项组中【对象】按钮右侧的下拉按钮，在弹出列表中选择【对象】选项。

❸ 弹出【对象】对话框，选择【由文件创建】选项卡，单击【浏览】按钮。

❹ 在打开的【浏览】对话框中选择随书光盘中的"素材\ch21\六一儿童节快乐.pptx"文件，单击【插入】按钮，返回【对象】对话框，单击【确定】按钮，即可在文档中插入所选的演示文稿。

❺ 插入 PowerPoint 演示文稿后，拖曳演示文稿四周的控制点可调整演示文稿的大小。在演示文稿中单击鼠标右键，在弹出的快捷菜单中选择【"演示文稿"对象】▶【显示】选项。

❻ 弹出【Microsoft PowerPoint】对话框，然后单击【确定】按钮，即可播放幻灯片，效果如图所示。

 21.1.3 在 Word 中使用 Access 数据库

在日常生活中，经常需要处理大量的通用文档，这些文档的内容既有相同的部分，又有格式不同的标识部分。例如通讯录，表头一样，但是内容不同，此时如果我们能够使用 Word 的邮件合并功能，就可以将二者有效地结合起来，其具体的操作方法如下。

❶ 打开随书光盘中的"素材\ch21\使用 Access 数据库.docx"文件，单击【邮件】选项卡下选项组中【选择收件人】按钮，在弹出的下拉列表中选择【使用现有列表】选项。

❷ 在打开的【选取数据源】对话框中，选择随书光盘中的"素材\ch21\通讯录.accdb"文件，然后单击【打开】按钮。

❸ 将鼠标定位在第 2 行第 1 个单元格中，然后单击【邮件】选项卡【编写和插入域】选项组中的【插入合并域】按钮，在弹出的下拉列表中选择【姓名】选项，结果如图所示。

❹ 根据表格标题，依次将第 1 条"通讯录.accdb"文件中的数据填充至表格中，然后单击【完成并合并】按钮，在弹出的下拉列表中选择【编辑单个文档】选项。

⑤ 弹出【合并到新文档】对话框，单击选中【全部】单选按钮，然后单击【确定】按钮。

⑥ 此时，新生成一个名称为"信函 1"的文档，该文档对每人的通讯录分页显示。

通讯录以分页形式显示

⑦ 此时，我们可以使用替换命令，将分页符替换为换行符。在【查找和替换】对话框中，将光标定位在【查找内容】文本框中，单击【特殊格式】按钮，在弹出的列表中选择【手动分页符】命令。

单击

⑧ 使用同样的方法在【替换为】本框中输入【手动换行符】命令，然后单击【全部替换】按钮。

单击

⑨ 弹出【Microsoft Word】对话框，单击【确定】按钮。

单击

⑩ 最终效果如下图所示。

最终效果图

21.2 Excel 2013 与其他组件的协同

🎬 本节视频教学录像：9 分钟

在 Excel 工作簿中可以调用 Word 文档、PowerPoint 演示文稿以及其他文本文件数据。

21.2.1 在 Excel 中调用 PowerPoint 演示文稿

在 Excel 2013 中调用 PowerPoint 演示文稿的具体操作步骤如下。

❶ 新建一个 Excel 工作表，单击【插入】选项卡下【文本】选项组中【对象】按钮 。

❷ 弹出【对象】对话框，选择【由文件创建】选项卡，单击【浏览】按钮，在打开的【浏览】对话框中选择将要插入的 PowerPoint 演示文稿，此处选择随书光盘中的"素材 \ch21\ 统计报告 .pptx"文件，然后单击【插入】按钮，返回【对象】对话框。

❸ 单击【确定】按钮，即可在文档中插入所选的演示文稿。插入 PowerPoint 演示文稿后，还可以调整演示文稿的位置和大小。

❹ 双击插入的演示文稿，即可播放插入的演示文稿。

21.2.2 导入 Access 数据库

通过导入数据库，可以不必重复地在 Excel 中键入数据，也可以在每次更新数据库时，自动通过原始源数据库中的数据来更新 Excel 报表，在 Excel 中导入 Access 数据库的具体的操作步骤如下。

❶ 打开随书光盘中的"素材 \ch21\ 导入 Access 数据库 .xlsx"文件，选择 A2 单元格，然后单击【数据】选项卡下【获取外部数据】选项组中的【自 Access】按钮 。

❷ 在弹出的【选取数据源】对话框中，选择"素材 \ch21\ 通讯录 .accdb"文件，单击【打开】按钮。

❸ 在打开的【导入数据】对话框中，各项设置为默认选项，然后单击【确定】按钮。

❹ 最终效果如下图所示。

21.2.3 导入来自文本文件的数据

在 Excel 2013 中还可以导入 Access 文件数据、网站数据、文本数据、SQL Server 数据库数据以及 XML 数据等外部输入。在 Excel 2013 中导入文本数据的具体操作步骤如下。

❶ 新建一个 Excel 工作表，将其保存为"导入来自文件的数据 .xlsx"，单击【数据】选项卡下【获取外部数据】选项组中【自文本获取数据】按钮 。

❷ 弹出【导入文本文件】对话框中，选择"素材\ch21\ 成绩表 .txt"文件，单击【导入】按钮。

❸ 弹出【文本导入向导 - 第 1 步，共 3 步】对话框，单击【下一步】按钮。

❹ 弹出【文本导入向导 - 第 2 步，共 3 步】对话框，撤消选中【Tab 键】复选框，单击选中【逗号】复选框，单击【下一步】按钮。

❺ 弹出【文本导入向导 -第 3 步，共 3 步】对话框，选中【文本】单选项，单击【完成】按钮。

❻ 在弹出的【导入数据】对话框中单击【确定】按钮，即可将文本文件中的数据导入 Excel 2013 中。

导入数据后效果

21.3　PowerPoint 2013 与其他组件的协同

本节视频教学录像：9 分钟

在 PowerPoint 2013 中不仅可以调用 Word、Excel 等组件，还可以将 PowerPoint 演示文稿转化为 Word 文档。

21.3.1 在 PowerPoint 中调用 Excel 工作表

在 PowerPoint 2013 中可以调用 Excel 工作表，具体操作步骤如下。

❶ 打开随书光盘中的"素材 \ch21\ 调用 Excel 工作表 .pptx"文件，选择第 2 张幻灯片，然后单击【新建幻灯片】按钮，在弹出的下拉列表中选择【仅标题】选项。

❷ 新建一张标题幻灯片，在【单击此处添加标题】文本框中输入"各店销售情况"，并设置【文本颜色】为"红色"。

添加并设置标题

❸ 单击【插入】选项卡下【文本】组中的【对象】按钮，弹出【插入对象】对话框，单击选中【由文件创建】单选项，然后单击【浏览】按钮。

❹ 在弹出的【浏览】对话框中选择随书光盘中的"素材\ch21\销售情况表.xlsx"文件，单击【确定】按钮，返回【对象】对话框。

❺ 单击【确定】按钮，即可在演示文稿中插入 Excel 表格，双击表格，进入 Excel 工作表的编辑状态，调整表格的大小。

❻ 单击 B9 单元格，单击编辑栏中的 f_x 按钮，弹出【插入函数】对话框，在【选择函数】列表框中选择【SUM】函数，单击【确定】按钮。

❼ 弹出【函数参数】对话框，在【Number1】文本框中输入"B3:B8"。

❽ 单击【确定】按钮，即可在 B9 单元格中计算出总销售额，填充 C9:F8 单元格区域，计算出各店总销售额。

❾ 选择单元格区域 A2:F8，单击【插入】选项卡下【图表】组中的【插入柱形图】按钮，在弹出的下拉列表中选择【簇状柱形图】选项。

⓾ 插入柱形图后，设置图表的位置和大小，在【图表标题】文本框中输入"各店销售情况"，设置其【字体】为"方正楷体简体"，【字号】为"12"，同时调整【绘图区】区域的大小。

⓫ 选择插入的图表，单击【图表工具】▶【格式】选项卡下【形状样式】选项组中的【形状填充】按钮 🔲，在弹出的下拉列表中选择【纹理】▶【纸莎草纸】选项。

⓬ 在幻灯片空白位置单击，结束 Excel 编辑状态，即可看到在 PowerPoint 2013 中调用 Excel 的效果。

21.3.2 将 PPT 转换为 Word 文档

用户可以将 PowerPoint 演示文稿中的内容转化到 Word 文档中方便阅读、打印和检查，具体操作步骤如下。

❶ 打开随书光盘中的"素材 \ch21\ 球类知识 .pptx"文件，单击【文件】选项卡，选择【导出】选项，在右侧【导出】区域选择【创建讲义】选项，然后单击【创建讲义】按钮。

❷ 弹出【发送到 Microsoft Word】对话框，单击选中【只使用大纲】单选项，然后单击【确定】按钮，即可将 PowerPoint 演示文稿转换为 Word 文档。

21.4 Outlook 2013 与其他组件的协同

📹 本节视频教学录像：7 分钟

使用 Word 可以查看、编辑和书写电子邮件，Outlook 与 Word 之间的联系非常紧密。Outlook 与 Word 之间最常用的就是使用 Outlook 通讯簿查找地址。

1. Outlook 与 Word 之间的协作

Outlook 与 Word 之间的协同操作如下。

❶ 单击【邮件】选项卡【创建】选项组中的【信封】按钮。

❷ 弹出【信封和标签】对话框，可以在【收信人地址】列表框中输入对方的邮箱地址，也可以单击【通讯簿】按钮 📖▾，从 Outlook 中查找对方的邮箱地址。

2. Outlook 与 Excel 之间的协作

❶ 打开随书光盘中的"素材 \ch21\ 客户信息表 .csv"文件，选中需要导入的客户信息数据如单元格区域 A1:G6，将光标定位于名称框中，输入这个区域的名称"客户信息表"之后按【Enter】键，区域名称指定完成。

❷ 启动 Outlook2013，单击【文件】选项卡，在其左侧列表中选择【打开和导出】选项，然后单击【导入 / 导出】按钮。

❸ 弹出【导入和导出向导】对话框，选择【从另一程序或文件导入】选项，单击【下一步】按钮，弹出【导入文件】对话框，选择文件类型为【逗号分隔值】选项，单击【下一步】按钮。

❹ 在弹出的对话框中单击【浏览】按钮，弹出【浏览】对话框，从中选择"素材 \ch21\客户信息表"文件，然后单击【确定】按钮。

❺ 返回【导入文件】对话框，单击【下一步】按钮。选择导入的目标文件夹为【联系人（仅限于此计算机）】选项，单击【下一步】按钮。

❻ 在弹出的【导入文件】对话框中单击选中【将"客户信息表.csv"导入下列文件夹: 联系人】复选框，然后单击【映射自定义字段】按钮，弹出【映射自定义字段】对话框。

❼ 在左侧选中一个字段【客户姓名】，按住鼠标左键不放，拖曳到右边列表框中与该字段含义相同的字段【姓名】右边，【职务】字段拖动到【职务】右边，【家庭地址】字段拖动到【住宅地址】字段，单击【确定】按钮。

❽ 返回【导入】对话框，单击【完成】按钮。

❾ 在【开始】选项卡下，在【我的联系人】窗口选择【联系人（仅限于此计算机）】选项，在编辑窗口，用户可以看到表格中客户的信息。

高手私房菜

📽 本节视频教学录像：4 分钟

技巧：用 Word 和 Excel 实现表格的行列设置

在用 Word 制作表格时经常会遇到将表格的行与列转置的情况，具体操作步骤如下。

❶ 在 Word 中创建表格，然后选定整个表格，单击鼠标右键，在弹出的快捷菜单中选择【复制】命令。

❷ 打开 Excel 表格，在【开始】选项卡下【剪贴板】选项组中选择【粘贴】▶【选择性粘贴】选项，在弹出的【选择性粘贴】对话框中选择【文本】选项，单击【确定】按钮。

❸ 复制粘贴后的表格，在任一单元格上单击，选择【粘贴】▶【选择性粘贴】选项，在弹出的【选择性粘贴】对话框中单击选中【转置】复选框。

❹ 单击【确定】按钮，即可将表格行与列转置，最后将转置后的表格复制到 Word 文档中即可。

第 22 章

Office 2013 VBA 的应用

本章视频教学录像：21 分钟

高手指引

　　使用宏命令和 VBA 可以自动完成某些操作，从而帮助用户提高效率并减少失误。本章介绍宏和 VBA 的使用。

重点导读

- ✚ 掌握录制宏、运行宏及加载宏的方法
- ✚ 掌握设置宏安全的方法
- ✚ 了解 VBA 基本语法

22.1 使用宏

本节视频教学录像：6分钟

宏的用途非常广泛，其中最典型的应用就是可将多个选项组合成一个选项的集合，以加速日常编辑或格式的设置，使一系列复杂的任务得以自动执行，从而简化所做的操作。

22.1.1 录制宏

在 Word、Excel 或 PowerPoint 中进行的任何操作都能记录在宏中，可以通过录制的方法来创建"宏"。本节以 Word 为例介绍，在 Word 中录制宏的具体操作步骤如下。

❶ 在功能区的任意空白处单击鼠标右键，在弹出的快捷菜单中选择【自定义功能区】命令。

❷ 在弹出的【Word 选项】对话框中单击选中【自定义功能区】列表框中的【开发工具】复选框，然后单击【确定】按钮。

❸ 单击【开发工具】选项卡，在【代码】组中包含了所有宏的操作按钮。单击【代码】组中的【录制宏】按钮 录制宏 。

❹ 弹出【录制宏】对话框，在此对话框中设置宏的名称、宏的保存位置、宏的说明。单击【确定】按钮，关闭对话框，即可看到鼠标指针移至文本区域时，会出现录音机的形状的按钮 ，表明正在进行宏的录制。单击【停止录制】按钮 停止录制 ，即可结束宏的录制。

22.1.2 运行宏

运行宏有多种方法，包括在【宏】对话框中运行宏、单步运行宏等。

1. 在【宏】对话框中运行宏

在【宏】对话框中运行宏是较常用的一种方法。单击【开发工具】选项卡下【代码】选项组中的【宏】按钮，弹出【宏】对话框。在【宏的位置】下拉列表框中选择【所有的活动模板和文档】选项，在【宏名】列表框中就会显示出所有能够使用的宏命令，选择要执行的宏，单击【运行】按钮即可执行宏命令。

2. 单步运行宏

除了直接运行宏命令外，还可以单步运行宏，具体操作步骤如下。

❶ 在【宏】对话框的【宏的位置】下拉列表框中选择【所有的活动模板和文档】选项，在【宏名】列表框中选择宏命令，单击【单步执行】按钮。

❷ 弹出编辑窗口。选择【调试】➤【逐语句】菜单命令，即可单步运行宏。

22.1.3 使用加载宏

可以将宏文件加载到 Word 2013 的功能区中使用，使用加载宏的具体操作步骤如下。

❶ 单击【开发工具】选项卡下【加载项】组中的【加载项】按钮。

❷ 弹出【模板和加载项】对话框，单击【模板】选项卡下【文档模板】组后的【选用】按钮。

❸ 弹出【选择模板】对话框，选择要加载的宏文件，单击【确定】按钮，返回【模板和加载项】对话框，单击【确定】按钮。

❹ 单击【加载项】选项卡，即可看到加载的宏，单击相应的宏命令即可运行宏。

22.2 宏的安全性

本节视频教学录像：2 分钟

宏在为用户带来方便的同时，也带来了潜在的安全风险，因此，掌握宏的安全设置就可以帮助用户有效地降低使用宏的安全风险。

22.2.1 设置宏安全性

在 Word、Excel 或 PowerPoint 中进行的任何操作都能记录在宏中，可以通过录制的方法来创建"宏"。本节以 Word 为例介绍，在 Word 中录制宏的具体操作步骤如下。

❶ 单击【开发工具】选项卡下【代码】组中的【宏安全性】按钮 ⚠ 宏安全性 。

❷ 弹出【信任中心】对话框，单击选中【禁用所有宏，并发出通知】单选项，单击【确定】按钮即可。

提示 选择【文件】选项卡，单击【选项】选项，在打开的【Word 选项】对话框中单击【信任中心】选项卡下的【信任中心设置】按钮，在打开的【信任中心】对话框中选择【宏设置】选项，也可以设置宏的安全性。

22.2.2 启用被禁用的宏

设置宏的安全性后，在打开包含代码的文件时，将弹出【安全警告】消息栏，如果用户信任该文件的来源，可以单击【安全警告】信息栏中的【启用内容】按钮，【安全警告】信息栏将自动关闭。此时，被禁用的宏将会被启用。

22.3 VBA 基本语法

📽 本节视频教学录像：3 分钟

VBA 作为一种编程语言，具有其本身的语法规则。

22.3.1 常量

常量用于存储固定信息，常量值具有只读特性，也就是在程序运行期间其值不能发生改变。在代码中使用常量的好处有两点。

（1）增加程序的可读性。例如在 Excel 中，设置活动单元格字体为绿色，就可以使用常量 vbGreen（其值为 65280），与数字相比，可读性更强。

ActiveCell.Font.Color=vbGreen

（2）代码的维护升级更容易。除了系统常量外，在 VBA 中也可以使用 Const 语句生命自定义常量。

Const CoolName As String= "HelloWorld"

如果希望将 "HelloWorld" 简写为 "HW"，只需要将上面代码中的 "HelloWorld" 修改为 "HW"，VBA 应用程序中的 CoolName 将引用新的常量值。

 22.3.2 变量

变量用于存储在程序运行中需要临时保存的值或对象，在程序运行过程中其值可以被改变。变量无需声明即可直接使用，但该变量的变体变量将占用较大的存储空间，代码运行效率也比较差。因此，在使用变量之前最好声明变量。

例如，在 VBA 中使用 Dim 语句声明变量。下面的代码声明变量 iRow 为整数型变量：

Dim iRow as Integer

利用类型声明字符，上述代码可简化为：

Dim iRow%

但是，在 VBA 中并不是所有的数据类型都有对应的类型声明字符，在代码中可以使用的类型声明字符如下表所示。

数据类型	类型声明字符
Integer	%
Long	&
Single	!
Double	#
Currency	@
String	$

变量赋值是代码中经常要用到功能，变量赋值使用等号，等号右侧可以是数值、字符串、日期和表达式等。

 22.3.3 数据类型

数据类型用来决定变量或者常量可以使用何种数据。VBA 中的数据类型包括 Byte、Boolean、Integer、Long、Currency、Decimal、Single、Double、String、Object、Variant（默认数据类型）和用户自定义类型等。不同的数据类型所需要的存储空间不同，取值范围也不相同。

数据类型	存储空间大小	范围
Byte	1 个字节	0~255
Boolean	2 个字节	Ture 或 False
Integer	2 个字节	-32268~32267
Long（长整型）	4 个字节	-2147483648~2147483647
Single（单精度浮点型）	4 个字节	负值：-3.402823E38~-1.401298E-45 正值：1.401298E-45~3.402823E38

续表

数据类型	存储空间大小	范围
Double（双精度浮点型）	8 个字节	负值：-1.79769313486232E308~ -4.94065645841247E-324 正值：1.79769313486232E308~4.94065645841247E-324
Currency	8 个字节	-922337203685477.5808~922337203685477.5807
Decimal	14 个字节	±79228162514264337593543950335（不带小数点）或 ±7.9228162514264337593543950335（带 28 位小数点）
Date	8 个字节	100 年 1 月 1 日到 9999 年 12 月 31 日
String（定长）	字符串长度	1~65400
String（变长）	10 字节加字符串长度	0~20 亿
Object	4 个字节	任何 Object 引用
Variant（数字）	16 个字节	任何数字值，最大可达 Double 的范围
Variant（字符）	22 个字节加字符串长度	与变长 String 范围相同
用户自定义	所有元素所需数目	与本身的数据类型的范围相同

22.3.4 运算符与表达式

VBA 中的运算符有 4 种。

(1) 算术运算符：用来进行数学计算的运算符，代码编译器会优先处理算术运算符。

(2) 比较运算符：用来进行比较的运算符，优先级位于算术运算符和连接运算符之后。

(3) 连接运算符：用来合并字符串的运算符，包括"&"和"+"运算符两种，优先级位于算术运算符之后。

(4) 逻辑运算符：用来执行逻辑运算的运算符。

比较运算符中的运算符优先级是相同的，将按照出现顺序从左到右依次处理。而算术运算符和逻辑运算符中的运算符则必须按照优先级处理。运算符优先顺序如下表所示。

算术运算符	比较运算符	逻辑运算符
指数运算（^）	相等（=）	Not
负数（-）	不等（<>）	And
乘法（*）和除法（/）	小于（<）	Or
整数除法（\）	大于（>）	Xor
求模运算（Mod）	小于或等于（<=）	Eqv
加法（+）和减法（-）	大于或等于（>=）	Imp
字符串连接（&）	Liks、Is	

表达式是由数字、运算符、数字分组符号（括号）、自由变量和约束变量等组成的。如"25+6"、"26*5/6"、"（21+23）*5"、"x>=2"、"A&B"等均为表达式。

表达式的优先级由高到低分别为：括号＞函数＞乘方＞乘、除＞加、减＞字符连接运算符＞关系运算符＞逻辑运算符。

22.4 VBA 在 Word 2013 中的应用

本节视频教学录像：3 分钟

宏的应用非常广泛，一些特别的效果都可以利用宏来完成。利用 Word 中的宏来制作作文纸效果的具体操作步骤如下。

❶ 启动 Word 2013 程序，新建一个 Word 文档。选择【开发工具】选项卡，在【代码】组中单击【Visual Basic】按钮。

❷ 打开【Microsoft Visual Basic】窗口，双击【Project（文档）】下的【ThisDocument】，打开【代码】编辑窗口。

❸ 在右侧的窗口中输入随书光盘中"素材\ch22\代码 22.4.txt"文件中代码。

❹ 输入完代码单击【保存】按钮，弹出【另存为】对话框，在【文件名】文本框中输入文件的名称，如"制作作文纸"，然后在【保存类型】下拉列表中选择【启用宏的 Word 文档（*.docm）】选项。单击【保存】按钮，即可保存该文档。

❺ 输入完代码，单击标准工具栏中的【运行子过程 / 运行窗体】按钮。

❻ 切换到新建 Word 文档，文档中就会出现编写代码的结果，制作出作文纸。

22.5 VBA 在 Excel 2013 中的应用

🎬 本节视频教学录像：2 分钟

在 Excel 2013 中利用 VBA 程序将表格中散乱的文字规范化排放的具体操作步骤如下。

❶ 打开随书光盘中的"素材 \ch22\ VBA 在 Excel 2013 中的应用 .xlsx"文件，单击【开发工具】选项卡下【代码】选项组中的【Visual Basic】按钮 。

❷ 弹出【Microsoft Visual Basic】对话框，选择【视图】▶【代码窗口】选项。

❸ 弹出 VBA 代码编辑窗口，输入随书光盘中"素材 \ch22\ 代码 22.5.txt"文件中代码。

❹ 单击【运行】按钮 ▶ 后，返回 Excel 工作表，效果如图所示。

22.6 VBA 在 PowerPoint 2013 中的应用

🎬 本节视频教学录像：3 分钟。

使用 VBA 在 PowerPoint 2013 中插入图片的具体操作步骤如下。

❶ 新建一个 Power Point 2013 演示文稿，删除所有的文本占位符，单击【开发工具】选项卡下【代码】选项组中的【宏】按钮 。

❷ 弹出【宏】对话框，在【宏名】文本框中输入宏名称，例如这里输入"h03"，单击【创建】按钮。

❸ 弹出 VBA 代码编辑窗口，如要在幻灯片中插入"G:\ch25"文件夹下的"小兔兔 .jpg"文件，设置其距离左为"162"，距离上为"95"，并设置图片高度为"396"，宽度为"349"，可以输入以下所示代码并单击【保存】按钮。

```
ActiveWindow.Selection.SlideRange.
Shapes.AddPicture(FileName:="G:\
ch25\ 小  兔  兔 .jpg", LinkToFile:=msoFalse,
SaveWithDocument:=msoTrue, Left:=162,
Top:=95, Width:=396, Height:=349).Select
```

❹ 弹出【Microsoft PowerPoint】提示框，单击【是】按钮，然后关闭 VBA 代码编辑窗口。

❺ 再次单击【代码】选项组中的【宏】按钮，在弹出的【宏】对话框中选择"h03"选项，然后单击【运行】按钮。

❻ 运行效果如下图所示。

插入的图片

高手私房菜

本节视频教学录像：2 分钟

技巧 1：设置宏快捷键

在【录制宏】对话框中可以设置宏的快捷键，具体操作步骤如下。

❶ 单击【开发工具】选项卡，在【代码】组中单击【录制宏】按钮 录制宏 。

❷ 弹出【录制宏】对话框，在【将宏指定到】选项组中单击【按钮】按钮。

❸ 弹出【Word 选项】对话框，单击左侧的【自定义功能区】选项，再单击【键盘快捷方式】后的【自定义】按钮。

❹ 弹出【自定义键盘】对话框，在【类别】选项列表中选择【插入】选项，将鼠标光标定位在【请按新快捷键】文本框中，按【Ctrl+G】组合键，然后单击【指定】按钮。

❺ 按【Ctrl+G】组合键即可显示在【当前快捷键】列表框中，单击【关闭】按钮即可设置完成。

技巧 2：查看 Word VBA 命令

Word 提供了一个内置的宏"ListCommands"，运行此宏后将会新建一个文档，且将当前 Word 程序中绝大部分命令名都生成在一张表格中。

❶ 单击【开发工具】选项卡【代码】组中的【宏】按钮，打开【宏】对话框，在【宏的位置】下拉框中选择【Word 命令】选项，在【宏名】列表框中选择【ListCommands】，然后单击【运行】按钮。

❸ 即可自动创建一个包含表格新文档，且在表格中显示 Word 程序中绝大部分命令名。

❷ 在打开的【命令列表】对话框中单击选中【所有 Word 命令】单选项，单击【确定】按钮。

第 23 章

Office 2013 的共享与安全

本章视频教学录像：19 分钟

高手指引

本章主要介绍 Office 2013 的共享、保护和取消保护等内容，使用户能够更深一步地了解 Office 2013 的应用，掌握共享 Office 2013 的技巧，并学会通过 Office 2013 的安全设置来保护文档。

重点导读

+ 掌握 Office 2013 的共享
+ 掌握 Office 2013 的保护
+ 了解取消保护的方法

23.1 Office 2013 的共享

本节视频教学录像：7分钟

用户可以将 Office 文档存放在网络或其他存储设备中，便于更方便地查看和编辑 Office 文档；还可以通过跨平台、设备与其他人协作，共同编写论文、准备演示文稿、创建电子表格等。

23.1.1 保存到云端 OneDrive

Windows OneDrive 是由微软公司推出的一项云存储服务，用户可以通过自己的 Windows Live 账户进行登录，上传图片、文档等到 OneDrive 中进行存储，无论身在何处，用户都可以访问 OneDrive 上的所有内容。将文档保存到云端 OneDrive 的具体操作步骤如下。

❶ 打开随书光盘中的"素材 \ch23\ 礼仪培训 .pptx"文件。单击【文件】选项卡，在打开的列表中选择【另存为】选项，在【另存为】区域选择【OneDrive】选项，单击【登录】按钮。

❷ 弹出【登录】对话框，输入与 Office 一起使用的账户的电子邮箱地址，单击【下一步】按钮。

❸ 在弹出的【登录】对话框中输入电子邮箱地址的密码，单击【登录】按钮。

❹ 即可登录，在 PowerPoint 的右上角显示登录的账号名，在【另存为】区域选择【kk zhou 的 OneDrive】选项，单击【浏览】按钮。

❺ 弹出【另存为】对话框，在对话框中选择文件要保存的位置，这里选择并打开【文档】文件夹，单击【保存】按钮。

❻ 在浏览器中输入网址 "https://onedrive. live.com/about/zh-cn/"，单击【登录】按钮，登录网站。

❼ 登录后，单击【文档】选项，即可查看到上传的文档。

❽ 单击需要打开的文件，如图所示打开演示文稿。

23.1.2　电子邮件

　　Office 2013 还可以通过发送到电子邮件的方式进行共享，发送到电子邮件主要有【作为附件发送】、【发送链接】、【以 PDF 形式发送】、【以 XPS 形式发送】和【以 Internet 传真形式发送】5 种形式。本节主要介绍以附件形式进行邮件发送，具体的操作步骤如下。

❶ 打开随书光盘中的 "素材 \ch23\ 礼仪培训 .pptx" 文件。单击【文件】选项卡，在打开的列表中选择【共享】选项，在【共享】区域选择【电子邮件】选项，然后单击【作为附件发送】按钮。

❷ 弹出【礼仪培训 .pptx-邮件（HTML）】工作界面，在【附件】右侧的文本框中可以看到添加的附件，在【收件人】文本框中输入收件人的邮箱，单击【发送】按钮即可将文档作为附件发送。

> **提示**　使用其他邮箱发送办公文件，主要是以附件的形式发送给对方。

23.1.3 向存储设备中传输

用户还可以将 Office 2013 文档传输到存储设备中，具体的操作步骤如下。

❶ 将存储设备 U 盘插入电脑的 USB 接口中，打开随书光盘中的"素材 \ch23\ 学生成绩登记表 .pptx"文件。

❷ 单击【文件】选项卡，在打开的列表中选择【另存为】选项，在【另存为】区域选择【计算机】选项，然后单击【浏览】按钮。

❸ 弹出【另存为】对话框，选择文档的存储位置为存储设备，这里选择【DONG（I：）】文件夹，单击【保存】按钮。

提示 将存储设备插入电脑的 USB 接口后，单击桌面上的【计算机】图标，在弹出的【计算机】窗口中可以看到插入的存储设备，本例中存储设备的名称为【DONG（I:）】。

❹ 打开存储设备，即可看到保存的文档。

提示 用户可以复制该文档，打开存储设备粘贴也可以将文档传输到存储设备中。在本例中的存储设备为 U 盘，如果使用其他存储设备，操作过程类似，这里不再赘述。

23.1.4 局域网中的共享

局域网是在一个局部的范围内（如一个学校、公司和机关内），将各种计算机，外部设备和数据库等互相连接起来组成的计算机通信网。局域网可以实现文件管理、应用软件共享、打印机共享、扫描仪共享、工作组内的日程安排、电子邮件和传真通信服务等功能。

局域网用户利用 Excel 可以协同工作，在局域网中共享 Excel 的具体操作步骤如下。

❶ 打开随书光盘中的"素材 \ch23\ 学生成绩登记表 .pptx"文件。单击【审阅】选项卡下【更改】选项组中的【共享工作簿】按钮。

❷ 弹出【共享工作簿】对话框，在对话框中单击选中【允许多用户同时编辑，同时允许工作簿合并】复选框，单击【确定】按钮。

❸ 工作簿即处于在局域网中共享的状态，在工作簿上方显示"共享"字样。

❹ 单击【文件】选项卡，在弹出的列表中选择【另存为】选项，单击【浏览】按钮，即可弹出【另存为】对话框。在对话框的地址栏中输入该文件在局域网中的位置，单击【确定】按钮。

 提示 将文件的所在位置通过电子邮件发送给共享该工作簿的用户，用户通过该文件在局域网中的位置即可找到该文件。

23.2 Office 2013 的保护

本节视频教学录像：6 分钟

如果用户不想制作好的文档被别人看到或修改，可以将文档保护起来。常用的保护文档的方法有标记为最终状态、用密码进行加密、限制编辑等。

23.2.1 标记为最终状态

"标记为最终状态"命令可将文档设置为只读，以防止审阅者或读者无意中更改文档。在将文档标记为最终状态后，键入、编辑命令以及校对标记都会禁用或关闭，文档的"状态"属性会设置为"最终"。其具体操作步骤如下。

❶ 打开随书光盘中的"素材 \ch23\ 招聘启事 . docx"文件。

❷ 单击【文件】选项卡，在打开的列表中选择【信息】选项，在【信息】区域单击【保护文档】按钮，在弹出的下拉菜单中选择【标记为最终状态】选项。

❸ 弹出【Microsoft Word】对话框，提示该文档将被标记为终稿并被保存，单击【确定】按钮。

❹ 返回 Word 页面，该文档即被标记为最终状态，以只读形式显示。

 提示 单击页面上方的【仍然编辑】按钮，可以对文档进行编辑。

23.2.2 用密码进行加密

在 Microsoft Office 中，可以使用密码阻止其他人打开或修改文档、工作簿和演示文稿。用密码加密的具体操作步骤如下。

❶ 打开随书光盘中的"素材 \ch23\ 招聘启事 . docx"文件，单击【文件】选项卡，在打开的列表中选择【信息】选项，在【信息】区域单击【保护文档】按钮，在弹出的下拉菜单中选择【用密码进行加密】选项。

❷ 弹出【加密文档】对话框，输入密码，单击【确定】按钮。

❸ 弹出【确认密码】对话框，再次输入密码，单击【确定】按钮，即可为文档使用密码进行加密。

❹ 在【信息】区域内显示已加密。

❺ 再次打开文档时，将弹出【密码】对话框，输入密码后单击【确定】按钮。

❻ 即可打开文档。

23.2.3 限制编辑

　　限制编辑是指控制其他人对文档进行哪些类型的更改。限制编辑提供了 3 种选项，格式设置限制可以有选择地限制格式编辑选项，用户可以单击其下方的"设置"进行格式选项自定义；编辑限制可以有选择地限制文档编辑类型，包括"修订"、"批注"、"填写窗体"以及"不允许任何更改（只读）"；启动强制保护可以通过密码保护或用户身份验证的方式保护文档，此功能需要信息权限管理（IRM）的支持。为文档添加限制编辑的具体操作步骤如下。

❶ 打开随书光盘中的"素材 \ch23\ 招聘启事 .docx"文件，单击【文件】选项卡，在打开的列表中选择【信息】选项，在【信息】区域单击【保护文档】按钮，在弹出的下拉菜单中选择【限制编辑】选项。

❷ 在文档的右侧弹出【限制编辑】窗格，单击选中【仅允许在文档中进行此类型的编辑】复选框，单击【不允许任何更改（只读）】文本框右侧的下拉按钮，在弹出的下拉列表中选择允许修改的类型，这里选择【不允许任何更改（只读）】选项。

❸ 单击【限制编辑】窗格中的【是，启动强制保护】按钮。

❹ 弹出【启动强制保护】对话框，在对话框中单击选中【密码】单选项，输入新密码及确认新密码，单击【确定】按钮。

> **提示** 如果单击选中【用户验证】单选项，已验证的所有者可以删除文档保护。

❺ 即可为文档添加限制编辑。当阅读者想要修改文档时，在文档下方显示【不允许修改，应为所选内容已被锁定】字样。

❻ 如果用户想要取消限制编辑，在【限制编辑】窗格中单击【停止保护】按钮即可。

23.2.4 限制访问

限制访问是指通过使用 Microsoft Office 2013 中提供的信息权限管理（IRM）来限制对文档、工作簿和演示文稿中的内容的访问权限，同时限制其编辑、复制和打印能力。用户通过对文档、工作簿、演示文稿和电子邮件等设置访问权限，可以防止未经授权的用户打印、转发和复制敏感信息，保证文档、工作簿、演示文稿等的安全。

设置限制访问的方法：单击【文件】选项卡，在打开的列表中选择【信息】选项，在【信息】区域单击【保护文档】按钮，在弹出的下拉菜单中选择【限制访问】选项。

23.2.5　添加数字签名

数字签名是电子邮件、宏或电子文档等数字信息上的一种经过加密的电子身份验证戳。用于确认宏或文档来自数字签名本人且未经更改。添加数字签名可以确保文档的完整性，从而进一步保证文档的安全。用户可以在 Microsoft 官网上获得数字签名。

添加数字签名的方法是：单击【文件】选项卡，在打开的列表中选择【信息】选项，在【信息】区域单击【保护文档】按钮，在弹出的下拉菜单中选择【数字添加签名】选项。

23.3 取消保护

本节视频教学录像：4 分钟

用户对 Office 文件设置保护后，还可以取消保护。取消保护包括取消文件最终标记状态、删除密码等。

1. 取消文件最终标记状态

取消文件最终标记状态的方法：打开标记为最终状态的文档，单击【文件】选项卡，在打开的列表中选择【信息】选项，在【信息】区域单击【保护文档】按钮，在弹出的下拉菜单中选择【标记为最终状态】选项即可取消最终标记状态。

2. 删除密码

对 Office 文件使用密码加密后还可以删除密码，具体操作步骤如下。

❶ 打开设置密码的文档。单击【文件】选项卡，在打开的列表中选择【另存为】选项，在【另存为】区域选择【计算机】选项，然后单击【浏览】按钮。

❷ 打开【另存为】对话框，选择文件的另存位置，单击【另存为】对话框下方的【工具】按钮，在弹出的下拉列表中选择【常规选项】选项。

❸ 打开【常规选项】对话框，在该对话框中显示了打开文件时的密码，删除密码，单击【确定】按钮。

❹ 返回【另存为】对话框，单击【保存】按钮。另存的文档删除了密码保护。

 提示 用户也可以再次选择【保护文档】▶【用密码加密】选项，在弹出的【加密文档】对话框中删除密码，单击【确定】按钮即可删除文档设定的密码。

 高手私房菜

本节视频教学录像：2 分钟

技巧：保护单元格

保护单元格的实质就是限制其他用户的编辑能力来防止他们进行不需要的更改。具体的操作步骤如下。

❶ 打开随书光盘中的"素材 \ch23\ 学生成绩登记表 .pptx"文件，选定要保护的单元格单击鼠标右键，在弹出的快捷菜单中选择【设置单元格格式】选项。

❷ 弹出【单元格格式】对话框，选择【保护】选项卡，单击选中【锁定】复选框，单击【确定】按钮。

❸ 单击【审阅】选项卡下【更改】选项组中的【保护工作表】按钮，弹出【保护工作表】对话框，进行如图设置后，单击【确定】按钮。

❹ 在受保护的单元格区域中输入数据时，会提示如下内容。

 提示 单击【审阅】选项卡下【更改】选项组中的【撤消保护工作表】按钮，即可撤消保护。

第 24 章

Office 2013 办公文件的打印

本章视频教学录像：21 分钟

高手指引

打印机是自动化办公中不可缺少的一个组成部分，是重要的输出设备之一。通过打印机，用户可以将在电脑中编辑好的文档、图片等资料打印输出到纸上，从而将资料进行存档、报送及用作其他用途。

重点导读

+ 掌握连接并设置打印机的方法
+ 掌握打印 Word 文档的方法
+ 掌握打印 Excel 表格的方法
+ 掌握打印 PowerPoint 演示文稿的方法

24.1 连接并设置打印机

本节视频教学录像：3 分钟

在办公中使用打印机之前需先连接和设置打印机。

24.1.1 安装打印机

目前，打印机接口有 SCSI 接口、EPP 接口、USB 接口 3 种。一般电脑使用的是 EPP 和 USB 两种。如果是 USB 接口打印机，首先需要使用其提供的 USB 数据线与电脑 USB 接口相连接，再接通电源。下面以安装"EPSON 230"打印机为例，具体操作步骤如下。

❶ 将打印机通过 USB 接口连接电脑。双击"EPSON 230"打印机驱动程序，然后在弹出的【安装爱普生打印机工具】对话框中，单击【确定】按钮。

> **提示** 在打印机自带光盘中包含驱动程序，也可以在官网中下载。

❷ 打开【许可协议】界面，单击【接受】按钮。

❸ 即可开始安装驱动程序。

❹ 驱动安装完成，打开打印机开关。

> **提示** 如果要手动设置打印机端口或者将打印机连接到网点，则可以单击【手动】按钮手动配置，否则将自动安装。

❺ 稍等片刻，将会自动设置端口，设置完成，提示"打印机驱动程序安装和端口设置成功"，单击【确定】按钮。

❻ 即可在任务栏看到安装后的打印机图标。

24.1.2 打印机的测试

打印机安装完成之后，在打印机图标上单击鼠标右键，在弹出的快捷菜单中单击【打印机属性】菜单命令，即可打开【EPSON 230 属性】对话框，单击【打印测试页】按钮，如果能正常打印，就说明打印机安装成功。

> **提示**　如果不能打印出测试页，则说明打印机安装不成功，可以检查打印机是否正常连接或者重新安装打印机。

24.2 打印 Word 文档

本节视频教学录像：4 分钟

打印机安装完成之后，用户就可以打印 Word 文档。

24.2.1 认识打印设置项

打开要打印的文档，单击【文件】选项卡，在其列表中选择【打印】选项，即可在【打印】区域查看并设置打印设置项。

(1)【打印】按钮：单击即可开始打印。

(2)【份数】选项框：选择打印份数。

(3)【打印机】列表：在其下拉列表中可以选择打印机，单击【打印机属性】可设置打印机属性。

(4)【设置】区域：设置打印文档的相关信息。

① 选择打印所有页、打印所选内容或自定义打印范围等。

② 选择自定义打印时，设置打印的页面。

③ 选择单面或双面打印。

④ 设置页面打印顺序。

⑤ 设置横向打印或纵向打印。

⑥ 选择纸张页面大小。

⑦ 选择页边距或自定义页边距。

⑧ 选择每版打印的 Word 页面数量。

24.2.2 打印文档

将 Word 文档打印 3 份的具体操作步骤如下。

❶ 打开随书光盘中的"素材 \ch24\ 年度工作报告 .docx"文件，单击【文件】选项卡下列表中的【打印】选项。

❷ 在【份数】微调框中输入"3"，在【打印机】下拉列表中选择要使用的打印机，单击【打印】按钮，即可开始打印文档，并打印 3 份。

24.2.3 选择性打印

打印文档时如果只需要打印部分页面，就需要进行相关的设置。纵向打印文档的第 2 页的具体操作步骤如下。

❶ 打开随书光盘中的"素材 \ch24\ 公司规章制度 .docx"文件，单击【文件】选项卡下列表中的【打印】选项。在【打印】区域的【设置】组下单击【打印所有页】下拉按钮，在弹出的下拉列表中选择【自定义打印范围】选项。

❷ 在【页数】文本框中输入要打印的页数"2"。

❸ 单击【纵向】下拉按钮，在弹出的下拉列表中选择【横向】选项。

❹ 设置完成，根据需要选择打印机，设置需要打印的份数，单击【打印】按钮即可纵向打印文档的第 2 个页面。

24.3 打印 Excel 表格

本节视频教学录像：8 分钟

打印 Excel 表格时，用户也可以根据需要设置 Excel 表格的打印方法，如在同一页面打印不连续的区域、打印行号、列表或者每页都打印标题行等。

24.3.1 打印 Excel 工作表

打印 Excel 工作表的方法与打印 Word 文档类似，需要选择打印机和设置打印份数。

❶ 打开随书光盘中的"素材 \ch24\ 考试成绩表 .xlsx"文件，单击【文件】选项卡下列表中的【打印】选项。

❷ 在【份数】微调框中输入"3"，打印 3 份，在【打印机】下拉列表中选择要使用的打印机，单击【打印】按钮，即可开始打印 Excel 工作表。

24.3.2 在同一页上打印不连续区域

如果要打印非连续的单元格区域，在打印输出时会将每个区域单独显示在不同的纸张页面。借助"摄影"功能，可以将非连续的打印区域显示在一张纸上。

❶ 打开随书光盘中的"素材 \ch24\ 考试成绩表 2.xlsx"文件，工作簿中包含两个工作表，如希望将【Sheet1】工作表中的 A2:E8 单元格区域与【Sheet2】工作表中的 A2:E7 单元格区域打印在同一张纸上，首先需要在快速访问工具栏中添加【照相机】命令按钮。

【照相机】按钮

> **提示** 在快速访问工具栏中添加命令按钮的方法可参照 2.2 节内容，这里不再赘述。
> 在【从下列位置选择命令】下拉列表中选择【所有命令】，然后在列表框中即可找到【照相机】命令。

❷ 在【Sheet2】工作表中选择 A3:E7 单元格区域，单击快速访问工具栏中的【照相机】按钮。

341

❸ 单击【Sheet1】工作表标签，在表格空白位置单击鼠标左键，即可显示【Sheet2】工作表标签中数据内容的图片。

❹ 将图片与表格中的数据对齐，然后就可以打印当前工作表，最终打印预览效果如下所示。

预览效果

24·3·3 打印行号、列标

在打印 Excel 表格时可以根据需要将行号和列标打印出来，具体操作步骤如下。

❶ 打开随书光盘中的"素材 \ch24\ 考试成绩表 .xlsx"文件，单击【页面布局】选项卡下【页面设置】组中的【打印标题】按钮 ，弹出【页面设置】对话框。在【工作表】选项卡下【打印】组中单击选中【行号列标】单选项，单击【打印预览】按钮。

❷ 即可查看显示行号列标后的打印预览效果。

预览效果

提示 在【打印】组中单击选中【网格线】复选框可以在打印预览界面查看网格线。单击选中【单色打印】复选框可以以灰度的形式打印工作表。单击选中【草稿品质】复选框可以节约耗材、提高打印速度，但打印质量会降低。

24·3·4 每页都打印标题行

如果工作表中内容较多，除了第 1 页外，其他页面都不显示标题行。设置每页都打印标题行的具体操作步骤如下。

❶ 打开随书光盘中的"素材 \ch24\ 考试成绩表 .xlsx"文件，单击【文件】选项卡下列表中的【打印】选项，可看到第 1 页显示标题行。单击预览界面下方的【下一页】按钮 ▶，即可看到第 2 页不显示标题行。

第2页

❷ 返回工作表操作界面，单击【页面布局】选项卡下【页面设置】选项组中的【打印标题】按钮打印标题。

❸ 弹出【页面设置】对话框，在【工作表】选项卡下【打印标题】组中单击【顶端标题行】右侧的按钮。

❹ 弹出【页面设置 - 顶端标题行：】对话框，选择第 1 行和第 2 行，单击按钮。

❺ 返回至【页面设置】对话框，单击【打印预览】按钮，在打印预览界面选择"第 2 页"，即可看到第 2 页上方显示的标题行。

提示　使用同样的方法还可以在每页都打印左侧标题列。

24.4 打印 PPT 演示文稿

本节视频教学录像：4 分钟

常用的 PPT 演示文稿打印主要包括打印当前幻灯片、灰度打印以及在一张纸上打印多张幻灯片等。

24.4.1 打印当前幻灯片

打印当前幻灯片页面的具体操作步骤如下。

❶ 打开随书光盘中的"素材 \ch24\ 工作报告 .pptx"文件，选择要打印的幻灯片页面，这里选择第 4 张幻灯片。

❷ 单击【文件】选项卡，在其列表中的【打印】选项，即可显示打印预览界面。

❸ 在【打印】区域的【设置】组下单击【打印当前幻灯片】后的下拉按钮，在弹出的下拉列表中选择【打印当前幻灯片】选项。

❹ 即可在右侧的打印预览界面显示所选的第4张幻灯片内容。单击【打印】按钮即可打印。

24.4.2 在一张纸上打印多张幻灯片

在一张纸上可以打印多张幻灯片，节省纸张。

❶ 在打开的"工作报告.pptx"演示文稿中，单击【文件】选项卡，选择【打印】选项。在【设置】组下单击【1张幻灯片】右侧的下拉按钮，在弹出的下拉列表中选择【6张水平放置的幻灯片】选项，设置每张纸打印6张幻灯片。

❷ 即可看到右侧的预览区域一张纸上显示了6张幻灯片。

高手私房菜

本节视频教学录像：2分钟

技巧：打印部分内容

在打印工作表时，如果不需要打印工作表中的全部内容，可以选择要打印的区域打印。

❶ 单击【页面布局】选项卡下【页面设置】选项组中的【打印标题】按钮，弹出【页面设置】对话框，在【工作表】选项卡下【打印区域】文本框中输入打印的单元格区域。

❷ 返回至【页面设置】对话框，单击【打印预览】按钮，在打印预览界面显示选择区域，单击【打印】按钮即可开始打印。

第 25 章

Office 的跨平台应用——移动办公

■ 本章视频教学录像：17 分钟

高手指引

本章介绍如何使用移动设备进行办公，随时随地进行办公，轻轻松松甩掉繁重的工作。

重点导读

✚ 掌握将办公文件传入到移动设备中的方法
✚ 学会使用不同的移动设备协助办公

25.1 移动办公概述

本节视频教学录像：4 分钟

"移动办公"也可以称作为"3A办公"，即任何时间（Anytime）、任何地点（Anywhere）和任何事情（Anything）。这种全新的办公模式，可以让办公人员摆脱时间和地点的束缚，利用手机和电脑互联互通的企业软件应用系统，随时随地进行随身化的公司管理和沟通，大大提高了工作效率。

25.1.1 哪些设备可以实现移动办公

移动办公使得工作更简单，更节省时间，只需要一部智能手机或者平板电脑就可以随时随地进行办公。

无论是智能手机，还是笔记本电脑，或者平板电脑等，只要支持办公可使用的操作软件，均可以实现移动办公。

首先，了解一下移动办公的优势都有哪些。

1. 操作便利简单

移动办公既不需要电脑，只需要一部智能手机或者平板电脑，便于携带，操作简单，也不用拘泥于办公室里，即使下班也可以方便地处理一些紧急事务。

2. 处理事务高效快捷

使用移动办公，办公人员无论出差在外，还是正在上班的路上甚至是休假时间，都可以及时审批公文，浏览公告，处理个人事务等。这种办公模式将许多不可利用的时间有效利用起来，不知不觉中就提高了工作效率。

3. 功能强大且灵活

由于移动信息产品发展得很快，以及移动通信网络的日益优化，所以很多要在电脑上处理的工作都可以通过移动办公的手机终端来完成，移动办公的功能堪比电脑办公。同时，针对不同行业领域的业务需求，可以对移动办公进行专业的定制开发，可以灵活多变地根据自身需求自由设计移动办公的功能。

移动办公通过多种接入方式与企业的各种应用进行连接，将办公的范围无限扩大，真正地实现了移动办公模式。移动办公的优势是可以帮助企业提高员工的办事效率，还能帮助企业从根本上降低营运的成本，进一步推动企业的发展。

能够实现移动办公的设备必须具有以下几点特征。

1. 完美的便携性

移动办公设备如手机，平板电脑和笔记本（包括超级本）等均适合用于移动办公，由于设备较小，便于携带，打破了空间的局限性，不用一直呆在办公室里，在家里，在车上都可以办公。

2. 系统支持

要想实现移动办公，必须具有办公软件所使用的操作系统，如 iOS 操作系统、Windows Mobile 操作系统、Linux 操作系统、Android 操作系统和 BlackBerry 操作系统等具有扩展功能的系统设备。现在流行的苹果手机、三星智能手机、iPad 平板电脑以及超级本等都可以实现移动办公。

3. 网络支持

很多工作都需要在连接有网络的情况下进行，如将办公文件传递给朋友、同事或上司等，所以网络的支持必不可少。目前最常用的网络有 2G 网络、3G 网络及 WiFi 无线网络等。

25.1.2 如何在移动设备中使用 Office 软件

在移动设备中办公，需要有适合的软件以供办公使用。如制作报表、修改文档等，需要 Office 办公软件，有些智能手机中自带办公软件，而有些手机则需要下载第三方软件。下面介绍在三星手机中安装"WPS Office"办公软件，手机型号为 GT-S7572，系统为 Android 4.1.2，应用程序为金山 WPS Office 移动版，具体安装方法如下。

❶ 在移动设备中搜索并下载"WPS Office 移动版"，在搜索结果中单击【安装】按钮。

❷ 安装完成之后，在手机界面中单击软件图标打开软件，则会弹出授权提示，单击【同意】按钮。

❸ 此时即可打开该软件，如图所示。

❹ 单击"欢迎使用 WPS Office"文档，可打开该文档，并查看使用该移动办公软件的说明，此时即可使用该软件了。

> 📝 **提示** 不同手机使用的办公软件可能有所不同，如 iPhone 中经常使用的是"Office Plus"办公软件、iPad 使用 iWork 系列办公套件等，这里不再一一赘述。

25.2 将办公文件传输到移动设备中

本节视频教学录像：4 分钟

将办公文件传输到移动设备中，方便携带，还可以随时随地进行办公。

1. 安卓设备

Android 系统是目前最为主流的移动操作系统之一，以其操作简单，丰富的软、硬件选择及其开放性，得到不少用户青睐。下面以安卓系统的三星手机为例。

❶ 通过数据线将手机和电脑连接起来之后，双击电脑桌面中的【计算机】图标，打开【计算机】对话框。

❷ 双击【便携设备】组中的手机图标（这里的手机型号为 GT-S7572），打开手机存储设备，双击【Card】图标，即可打开手机中的内存卡。

❸ 将随书光盘中的"素材 \ch25"文件夹复制粘贴至该手机内存设备中即可。

2. iOS 设备

下面以 iOS 手持设备中的 iPad 为例介绍传输文件的方法。

❶ 在 iPad 中下载"USB Sharp"软件。使用数据线将 iPad 与电脑连接，在电脑中启动 iTunes， 在 iTunes 中单击识别出的 iPad 名（My iPad），单击【应用程序】选项卡，并向下滚动到"文件共享"选项处。在应用程序下选择"USB Sharp"选项。直接拖曳电脑中的资料到"'USB Sharp'的文档"窗格中。

❷ 在 iPad 中单击【USB Sharp】图标，在打开的界面中即可看到刚刚存储的文档。

> **提示** 借由 WiFi 网络，或者通过移动网络等联网方式将电脑中的数据下载至手机中，称为无线同步，包括局域网内的无线传输和云端平台的同步，局域网内的无线传输，主要借用 360 手机助手等，iOS 设备使用 iTunes 软件实现。而使用云端平台同步，主要是通过安装云软件使数据实现不同平台间的传输，如金山网盘等。

25.3 使用安卓设备协助办公

本节视频教学录像：4 分钟

现在，越来越多的上班族每天都需要在公交或者地铁上花费很多的时间。如果将这段时间加以利用，不仅可以加快工作的进度，还能够获得上司的赏识，何乐而不为呢？首先，需要在安卓手机中下载并安装"WPS Office"软件。

1. 修改文档

使用安卓设备修改文档的操作步骤如下。

❶ 在安卓设备中单击 按钮，在弹出的快捷菜单中单击【浏览目录】选项。

❷ 在弹出的界面中单击【存储卡】选项，在【存储卡】中单击【ch25】选项。

❸ 如图所示，单击"工作报告 .docx"文件即可打开素材文件。

❹ 在【编辑】组中单击【批注与修订】按钮，在弹出的下拉列表中选择【进入修订状态】选项，进入修订状态后，长按手机屏幕，在弹出的提示框中，单击【键盘】按钮。

❺ 弹出键盘，然后就可以对文本内容进行修订，修订完成之后，关闭键盘，修订如图所示，将其保存即可。

❻ 若希望接受修订，单击【编辑】组中的【批注与修订】按钮，在弹出的下拉列表中选择【接受所有修订】选项即可。

提示　若拒绝某个修订，则单击修订框，在修订框右下角出现关闭按钮，单击即可拒绝该修订。

2. 制作销售报表

使用安卓设备制作销售报表的具体操作步骤如下。

❶ 在手机中打开"素材 /ch25/ 销售报表 .xlsx"文件，双击单元格 C3，在弹出的提示框中单击【编辑】选项，弹出键盘。

❷ 将数据填入单元格区域 C2:C6 中，如图所示。

❸ 单击 F3 单元格，单击【数据】区的【自动求和】按钮，在弹出的下拉列表中选择【求和】选项。

❹ 弹出如图所示公式，单击单元格 C2、C3、C4、C5 和 C6，单击【Tab】按钮求出 F3 的结果。

❺ 选中单元格区域 B2:C6，单击【编辑】区域中的【插入】按钮，在弹出的下拉列表中选择【图表】选项。

❻ 如图所示，选择一种图标，然后单击右上角的【确定】按钮。插入图标的效果如图所示，将其保存即可。

❼ 如图所示，选择一种图标，然后单击右上角的【确定】按钮。插入图标的效果如图所示，将其保存即可。

插入的图表

3. 制作培训 PPT

使用安卓设备制作培训 PPT 的具体操作步骤如下。

❶ 在手机中打开【WPS Office】软件，单击软件上方的 🗀 按钮，在【创建】组中单击【新建文档】按钮。如图所示，在【本地模版】选项卡下选择 PPT 空白演示。

1. 单击

2. 选择

❷ 新建一个演示文稿，双击【连按两次添加标题】文本框即可进入编辑状态。

连按两次添加标题

双击进入编辑状态

❸ 在标题文本框中输入标题内容，在【字体】选项组中设置其字号为"66"，加粗，倾斜，字体颜色为"绿色"。

输入标题内容

❹ 在副标题框中输入如图所示内容，选中副标题文本内容，在【段落】选项组中设置其对齐方式为"右对齐"。

输入副标题

❺ 单击屏幕下方的"＋"按钮，添加一张幻灯片，输入如图所示标题和副标题文本内容，设置其标题字体格式为"加粗"，字体颜色为"橙色"，选中副标题文本内容。

2. 输入标题和副标题

1. 单击

❻ 单击【段落】选项组中的【项目符号】按钮，在弹出的项目符号区中，单击【项目编号】选项，选择一种编号类型，如图所示。

⑦ 添加并制作如下图所示幻灯片，单击【常用】选项组中的【插入】按钮，在弹出的下拉列表中选择【图片】选项。

⑧ 插入素材中的"培训 .jpg"，使用手指点击图片周围的移动点，将图片缩小，并长按图片不放，拖曳至合适位置。

⑨ 添加一张幻灯片，将副标题文本框删除，在标题文本框中输入"谢谢！"，设置其字号为"80"，加粗，字体颜色为"紫色"。

25.4 使用 iOS 设备协助办公

📽 本节视频教学录像：3 分钟

使用 iOS 设备查看文件需要首先在手机中下载 Office Plus，然后使用 Office Plus 来查看文档。

1. 在手机中查看文档

在手机中查看文档的具体操作步骤如下。

❶ 在 iPhone 上下载并安装 Office Plus，单击【Office Plus】图标，在【Office Plus】界面单击【本地文件】选项。

❷ 在打开的【本地文件】界面中看到拖曳进去的文档，然后单击【目录要求】文档。

❸ 在 iPhone 中查看 Word 文档，单击【关闭】按钮，即可返回【本地文件】界面。

④ 在【本地文件】页面中单击【录像清单】文档。

⑤ 查看打开的 Excel 文档，拖动即可查看其他列或行的内容。

2. 使用 iPad 编辑 Word 文档

　　使用平板电脑编辑文档越来越被很多人接受，它的实用性远远大于手机。平板电脑在办公中应用中的范围越来越广，给人们带来了很大的便利。

① 在 iTunes 或 App Store 中搜索并下载"Pages"应用程序，完成安装。

② 单击 iPad 桌面上的【Pages】程序图标。

③ 此时，即可进入程序界面，单击【添加】按钮，弹出下拉菜单，选择【创建文稿】选项。

④ 进入选取模板界面，单击【空白】模板，即可创建空白文档。

⑤ 在文档中输入标题，并长按编辑区屏幕弹出快捷菜单栏，选择【全选】菜单命令。

❻ 选中标题并弹出子菜单栏。将标题字体设置为"黑体 -简"，字号为"18"，对齐方式为"居中"。

❼ 另起一行输入文档的正文内容，文档完成后，退出该应用程序，文档会自动保存。

高手私房菜

本节视频教学录像：2 分钟

技巧 1：云打印

云打印是给与支持云打印的打印机一个随机生成的 12 位邮箱地址，用户只要将需要打印的文档发送至邮箱中，就可以在打印机上将邮件或者附件打印出来，云打印需要建立一个 Google 账户，并将打印机与 Google 账户相连接。

❶ 使用安卓系统手机的 WPS 软件，打开需要打印的文档，单击 ▤ 按钮，在弹出的列表中选择【打印】选项。

❷ 弹出【打印设置】界面，单击【云打印】按钮，即可将文档通过云打印打印出来。

技巧 2：为文档添加星标，以方便查找

手机中文档较多时，有时不容易找到需要的文档，我们可以为重要的文档添加星标，这样就可以方便，迅速地找到需要的文档。

❶ 打开【WPS Office】软件，单击【星标和历史】界面。单击重要文件后方的五角星，如图所示。

❷ 所有标注过星标的文件将在【星标】选项卡 ★ 下显示出来。